JN320726

物理化学実習書
［第2版］

元名城大学准教授　武田　直仁　編　著

東京　廣川書店　発行

 執筆者一覧（五十音順）

名城大学教授	岡本　浩一
名城大学准教授	奥田　知将
名城大学准教授	栗本　英治
名城大学助教	近藤　啓太
元名城大学准教授	武田　直仁
名城大学名誉教授	檀上　和美
名城大学教授	丹羽　敏幸
元名城大学准教授	米澤　頼信

物理化学実習書［第2版］

編著　武田直仁

平成23年2月15日　初版発行©
平成28年3月20日　第2版1刷発行
令和6年3月31日　第2版 2刷発行

発行所　株式会社 廣川書店

〒113-0033　東京都文京区本郷3丁目27番14号
電話 03(3815)3651　FAX 03(3815)3650

第2版まえがき

　予測困難な少子高齢社会時代を迎え，薬学を取り巻く環境は大きく変容した．医療現場の諸問題などに対して，科学的根拠に基づいた医療が提供でき，健康長寿社会の実現に寄与できる優れた医療人の育成に大きな期待が寄せられている．薬剤師など医療専門職はこれまで以上に問題解決能力や学んだ知識・技能・態度を総合的に体系化し発揮する能力が求められており，従前の受動的学修から能動的学修への質的転換が各大学で進められている．学生実習は広義の意味で能動的学修に含まれる．実習においては協働学習が内包されるので，コミュニケーション能力に加え論理的思考力や問題解決能力の向上を促す効果が期待されるからである．

　おりしも平成25年度に改訂された薬学教育モデル・コアカリキュラムでは，「薬剤師として求められる10の資質」が提示され，学習成果基盤型教育へ力点がおかれた．本書「物理化学実習書」の改訂版を上梓するにあたり，10の資質を身につけるための到達目標（SBOs）が本書の実験項目とどのように照合しているのかを精査した．実験項目のいくつかは薬学アドバンスト教育ガイドラインに移行したが（目次参照），これらの実験実習は技能・態度の修得にとどまらず，座学で学んだ知識の定着に大いに役立つはずである．

　医療の担い手である医療人としての資質の担保は物理・化学・生物といった基礎薬学の基盤のうえになりたつ．単なる知識再生型に偏らない学力を培うために，本書が実験実習を通じて科学的思考力を高める有用な物理化学系実習書として活用され，良質の医療人育成の一助となることを願う．

　本書の初版で不明瞭であった一部の表現は加筆修正した．また，実験操作・規格などは最新の日本薬局方に準拠して修正した．編著者が気づかない不備・誤謬があれば，読者諸氏のご指摘，ご叱責をお願いする次第である．

　本書の発行にあたり，多大なご協力を頂いた廣川書店の廣川典子氏に心からお礼申し上げる．

2016年2月

編著者一同

まえがき

　薬学が「くすりのスペシャリスト」として社会に貢献できる人材を養成する学問であるならば，くすりがどのように創られ，どのようにヒトに適用されるかについて，包括的な知識を修得する必要がある．

　薬学は基本的に実験科学であることから「観察と実験」に基づいた科学的方法で問題が解決する方法論を体験することは薬学教育にとってきわめて重要である．講義科目を受動的な学習法と位置づけるならば，学生実習（演習）は講義科目を補完する能動的な学習法のひとつとして対置できる．

　薬学6年制教育では薬学教育モデル・コアカリキュラムが提示され，知識のみならず技能・態度教育の充実が図られ学習者主体の教育に変革した．

　本書は，薬学6年制教育に適合した新しい物理化学実習用テキストとして編集されたものである．精選した14の実験は薬学教育モデル・コアカリキュラムの物理系薬学および製剤学に関連する技能・態度領域の到達目標に準拠しており，目次の各実験項目の欄に該当するコアカリキュラム分野（番号）を付記した．

　患者に薬剤が投与される際に，医薬品は有用性の高い製剤として適用される．物理系実習では，製剤化とその際に必要な基礎的物性に関する実験ならびに製剤の品質管理上，重要な試験法についての知識，技術，操作法を学ぶ．また，薬物療法において医薬品が体内に投与されたときの体内動態を解析できる知識が必要であり，拡散セルを用いた薬物動態解析に関するモデル実験も含めた．

　本書が，「くすりのスペシャリスト」として必要な基本的な知識・技能・態度を修得する手助けとなり，問題解決能力をもったサイエンティストとしての医療人の育成につながることを願う．

2011年2月

　　　　　　　　　　　　　　　　　　　　　　　　　　　　　編著者一同

目次および到達目標

到達目標（SBOs）の項目は薬学教育モデル・コアカリキュラム〔平成25年度改訂版〕による

I．臨界ミセル濃度測定 ·· 1

準備教育(7)-①-2		有効数字の概念を説明し，有効数字を含む値の計算ができる．〔知識・技能〕
準備教育(7)-②-1		指数関数および対数関数を，式およびグラフを用いて説明できる．〔知識・技能〕
アドバンス C1 ②-2		界面における平衡について説明できる．

実験 1．毛管上昇法による SLS の c.m.c の決定　2

II．反応速度 ·· 9

準備教育(7)-①-2		有効数字の概念を説明し，有効数字を含む値の計算ができる．〔知識・技能〕
準備教育(7)-②-1		指数関数および対数関数を，式およびグラフを用いて説明できる．〔知識・技能〕
C1(3)①-1		反応次数と速度定数について説明できる．
C1(3)①-2		微分型速度式を積分型速度式に変換できる．〔知識・技能〕
C1(3)①-3		代表的な反応次数の決定法を列挙し，説明できる．
C1(3)①-4		代表的な（擬）一次反応の反応速度を測定し，速度定数を求めることができる．〔技能〕
C1(3)①-6		反応速度と温度との関係を説明できる．
E5(1)-④-2		薬物の安定性（反応速度，複合反応など）や安定性に影響を及ぼす因子（pH，温度など）について説明できる．

実験 2．ショ糖の加水分解反応速度の決定　10

III．分配係数 ·· 19

準備教育(7)-①-2		有効数字の概念を説明し，有効数字を含む値の計算ができる．〔知識・技能〕
準備教育(7)-②-1		指数関数および対数関数を，式およびグラフを用いて説明できる．〔知識・技能〕
アドバンス C1 ②-1		物質の溶解平衡について説明できる．
アドバンス C1 ②-2		界面における平衡について説明できる．
アドバンス C1 ②-4		代表的な物理平衡の観測結果から平衡定数を求めることがで

　　　　きる．〔技能〕
　　実験 3．安息香酸のシクロヘキサン/水分配係数の決定　20

Ⅳ．吸着量 ……………………………………………………………………25

　　準備教育(7)-①-2　　有効数字の概念を説明し，有効数字を含む値の計算ができる．〔知識・技能〕
　　準備教育(7)-②-1　　指数関数および対数関数を，式およびグラフを用いて説明できる．〔知識・技能〕
　　アドバンス C1 ②-3　吸着平衡について説明できる．
　　実験 4．合成ケイ酸アルミニウムへの塩酸ベルベリンの吸着量測定　26

Ⅴ．粉体物性 …………………………………………………………………31

　　E5(1)-①-1　　　　　粉体の性質について説明できる．
　　アドバンス E5 ①-3　製剤に関連する代表的な試験法を実施し，製剤の物性を測定できる．〔技能〕
　　アドバンス E5 ①-4　製剤の物性値から，製剤の品質を判定できる．〔知識・技能〕
　　アドバンス E5 ①-5　製剤の物性測定に使用される装置の原理について説明できる．
　　実験 5．顕微鏡法による粉体の粒度分布と平均粒子径の測定　32
　　実験 6．沈降法による粉体の粒度分布と平均粒子径の測定　36
　　実験 7．透過法による粉体の比表面積の測定　40
　　実験 8．粉体層の空隙率，かさ比容積，かさ密度の測定　44
　　実験 9．粉体の安息角の測定　48

Ⅵ．製錠と錠剤物性 …………………………………………………………51

　　E5(2)②-1　　　　　代表的な医薬品添加物の種類・用途・性質について説明できる．
　　E5(2)②-2　　　　　製剤化の単位操作，汎用される製剤機械および代表的な製剤の具体的な製造工程について説明できる．
　　E5(2)②-4　　　　　製剤に関連する試験法を列挙し，説明できる．
　　アドバンス E5 ①-1　代表的な製剤の処方を設計できる．〔知識・技能〕
　　アドバンス E5 ①-2　単位操作を組み合わせて代表的な製剤を調製できる．〔技能〕
　　アドバンス E5 ①-3　製剤に関連する代表的な試験法を実施し，製剤の物性を測定できる．〔技能〕
　　アドバンス E5 ①-4　製剤の物性値から，製剤の品質を判定できる．〔知識・技能〕
　　アドバンス E5 ①-5　製剤の物性測定に使用される装置の原理について説明できる．
　　アドバンス E5 ②-1　生物学的同等性のレギュレーションについて説明できる．
　　実験 10．錠剤の試作　52
　　実験 11．内用固形製剤の試験中での崩壊と製剤からの薬物の溶出　－崩壊試験法と

　　　　溶出試験法－　64

Ⅶ．薬物速度論 ……………………………………………………………71

　　アドバンス E4①-2　2-コンパートメントモデルに基づいた薬物速度論解析ができる．〔知識・技能〕
　　アドバンス E4①-3　非線形最小二乗法を用いた速度論パラメータの算出ができる．〔知識・技能〕
　　アドバンス E4①-5　生理学的薬物速度論モデルに基づく薬物濃度推移のシミュレーションができる．〔知識・技能〕
　　実験 12．1-コンパートメントモデル（急速静脈内投与）　72
　　実験 13．1-コンパートメントモデル（経口投与）　78
　　実験 14．2-コンパートメントモデル（急速静脈内投与）　82

Ⅷ．測定値の取り扱いと計算 ……………………………………………89

　　準備教育（7）-①-1　大きな数や小さな数を SI 接頭語，べき，および対数を使い，的確に表すことができる．〔知識・技能〕
　　準備教育（7）-①-2　有効数字の概念を説明し，有効数字を含む値の計算ができる．〔知識・技能〕
　　準備教育（7）-②-1　指数関数および対数関数を，式およびグラフを用いて説明できる．〔知識・技能〕
　　準備教育（7）-③-4　微分方程式の成り立ちを理解し，基本的な微分方程式（変数分離型）の一般解と特殊解を求めることができる．〔知識・技能〕

付　録 …………………………………………………………………101

Ⅰ. 臨界ミセル濃度測定

意 義

　界面活性剤は，その分子中に大きな疎水基と強い親水基を有することから，特異な物理化学的性質を示す．たとえば，その分子は気－液界面，固－液界面，液－液界面に吸着して界面張力を低下させる．また，水溶液中では界面活性剤濃度が高くなると気－液界面吸着が飽和に達し，多くの分子が疎水基どうし集合することによりミセルと呼ばれる会合体を作る．

　界面吸着やミセル形成の性質により，薬学分野ではいわゆる製剤助剤に頻用される．すなわち，界面活性剤は，水に難溶な微粉体や油を水中に分散させて外用，内用製剤とする際の懸濁化剤，乳化剤として，あるいは薬物の油性の度合いによってミセル内や表面に溶解（可溶化）することにより，透明な水溶液を調製するときの可溶化剤として，また，顆粒剤，錠剤などの固形製剤の消化管液に対するぬれをよくするためのぬれ促進剤などとして使用される．そのほか活性剤のもつ生理作用を利用する場合もあり，カチオン性活性剤は滅菌，消毒，保存剤としても用いられる．

　界面活性剤水溶液の物理化学的性質のうち，表面張力，浸透圧，当量伝導度，粘度，可溶化能などは，ミセル形成が起こる特定の濃度域で顕著な変化を示す．その濃度は臨界ミセル濃度（c.m.c.）と呼ばれ，界面活性剤の重要な特性値である．

I. 臨界ミセル濃度測定

■実験1.
毛管上昇法によるSLSのc.m.c.の決定

目的

ラウリル硫酸ナトリウム（sodium lauryl sulfate, SLS）$C_{12}H_{25}SO_4Na$ 水溶液の表面張力を毛細管上昇法により測定し，表面張力—濃度曲線より臨界ミセル濃度（critical micelle concentration, c.m.c.）を求め，Gibbs の吸着式を適用して表面過剰濃度などを算出する．

原理

界面活性剤水溶液の濃度を変化させると，図1-1に示されているように，c.m.c.の前後で水溶液の性質に急激な変化が現れることを利用してc.m.c.の測定が行われる．ここでは表面張力測定法によりc.m.c.を決定する．

液体の内部にある分子は，あらゆる方向の隣接分子から均等に引力（分子間力）を受けているが，液の表面にある分子は液相にある分子密度と気相にある分子密度との相違から不均等な力を受けて内部に向かって引かれている（図1-2）．したがって，液体内部から表面に分子をもってきて，表面積を大きくするためには，分子間引力に逆らって仕事をする必要がある．すなわち，液体表面に存在する分子は液体内部の分子よりも大きいエネルギー状態にあるので，液体表面はつねに最小の面積をとろうとする傾向が生じる．また，面積が最小ならば，液全体のもつ自由エネルギーも最小となる．単位表面積あたりの分子が，液体内部の分子に比べて余分に有している自由エネルギーを表面自由エネルギーというが，エネルギーは力×距離でも表されるから，表面自由エネルギーは単位長さあたりの力と考えてもよい．このように表された量を表面張力と呼び，液体表面が縮もうと

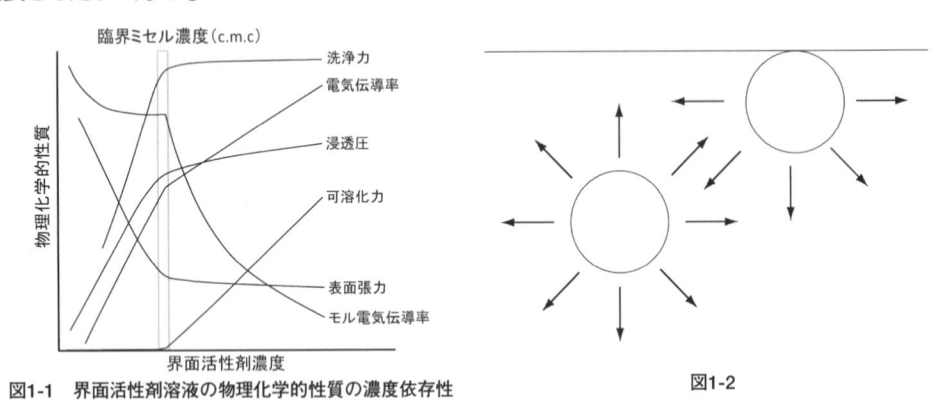

図1-1 界面活性剤溶液の物理化学的性質の濃度依存性

図1-2

する傾向の大小を示す．液体の分子間力によって表面張力の大小が決まるから，表面張力は液体の凝集力に相当する．したがって，分子間力の大きい水は表面張力も大きく，常温で約70（dyn/cm, mN/m）の値を示す．

水に界面活性剤を溶かすと，水溶液表面に正吸着して水の分子間力を弱めるために表面張力は著しく減少する．

界面活性剤水溶液の濃度を変化させた場合の，表面張力変化と溶質の液面への吸着量とは密接に関係し，Gibbs の吸着等温式で表される．

実験1 毛管上昇法によるSLSのc.m.c.の決定

$$\Gamma = -\frac{1}{RT} \cdot \frac{d\gamma}{d\ln C} \tag{1}$$

Γは溶液表面1cm²当たりの溶質の吸着量（表面過剰濃度），γは溶液の表面張力，Cはモル濃度，Rは気体定数，Tは絶対温度である．

図1-1にみられるように，界面活性剤濃度の小さい領域では，濃度が増加すると表面張力が激減する．$d\gamma/dC < 0$，すなわち，$d\gamma/d\ln C < 0$ なので $\Gamma > 0$ であることがわかる．これは溶液表面に溶質が正吸着されていることを示しているが，ある濃度で飽和吸着に達し，それ以上濃度が増加しても吸着量が変化せず，表面張力がほぼ一定値を示すことから，ミセルの形成が示唆される．この濃度，すなわち臨界ミセル濃度以上では，界面活性剤濃度が増加しても表面吸着量やモノマー濃度は変化せず，ミセル濃度が増加する．

溶液中に半径 r の毛細管をひたすと図1-3のように溶液が毛細管を上昇して平衡状態に達する．このとき，表面張力γによって支えられる毛細管中を上昇した溶液の質量との関係は，上昇した溶液の高さをh，溶液の密度をd，重力の加速度をgとすると，

$$2\pi r \gamma \cos\theta = \pi r^2 h d g \tag{2}$$

$$\gamma = \frac{rhdg}{2\cos\theta} \tag{3}$$

ここで，θは管中の液が管に接するところで引いた接線と管壁とのなす角度で接触角と呼ばれ，ガラス管の場合はゼロとみなしてよい．したがって，ガラス製毛細管の半径 r が一定のとき，表面張力γは毛細管中の液の上昇高さ h および液の密度 d を測定することにより求められる．

測定装置，器具および薬品
恒温水槽，読取顕微鏡，毛細管，枝付試験管，ゴム管，メスフラスコ，マイヤー，メスピペット，蒸留水ビン，SLS．

操作
SLS溶液の調製　SLS 約 2.5 g を精秤し，蒸留水に溶かして正確に100 mLとする．これを 1 mL または 10 mL のメスピペットと 50 mL のメスフラスコを用いて蒸留水で希釈し，数種の濃度の溶液をつくる．

SLSの場合，濃度（g / 100 mL）は 0，0.01，0.02，0.05，0.1，0.2，0.3，0.4，0.5とする．

毛細管内の試料液上昇高さの測定
1．水の上昇高さの測定
(1) きれいに洗浄した枝付試験管に蒸留水を入れ，図1-3に示されているように，毛細管の下端が液面下約 2 cm 入るように固定する．
(2) 温度調節した恒温槽中に枝付試験管を垂直に固定し，しばらく放置する（液温が恒温槽の温度になるには10〜20 分要する）．
(3-1) 指先で側管のゴムを押さえて加圧し，毛細管内の液面を 2〜3 cm押し上げた後，ゴム管を

Ⅰ．臨界ミセル濃度測定

放して液面が元の位置に戻るのを待ってその位置（a）を読取顕微鏡を用いて読み取る．
(3-2) そのまま，読取顕微鏡を下げて，試験管内の液面の位置（b）を読み取る．
水の上昇高さ（h_w）は毛細管内液面位置と試験管内液面位置の差（＝a－b）として求める．
(4) 次に，側管のゴム管を押さえて減圧し，先と同様の方法で，上昇高さ h_w を求める．
　［注　意］
　加圧操作（3）と減圧操作（4）で得られた上昇高さの差が大きい場合には，毛細管内に気泡が入っていないかなどの原因を調べる．
＊汚れに起因すると思われる場合には，毛細管を洗浄する．
＊基準となる水の上昇高さは数回測定を繰り返し，平均値を求める．

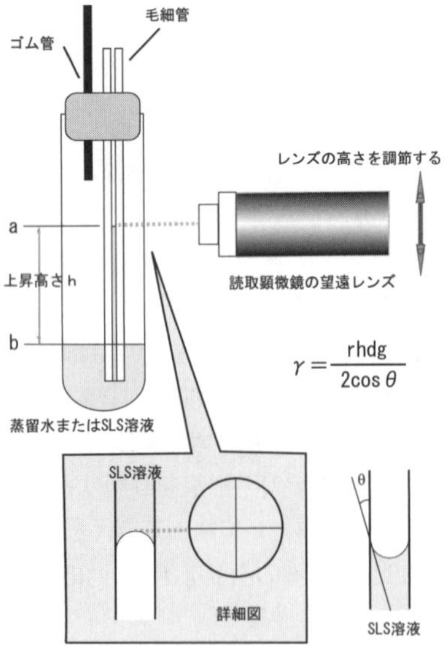

２．SLS水溶液の上昇高さの測定

測定は溶液濃度の薄い方から濃い方に順次行う．

2-1．毛細管および試験管の共洗い洗浄
(1) 試験管に少量のSLS水溶液を入れ静かに回しつつ洗浄する．
(2) 毛細管をセット．ゴム管で加圧し，毛細管上部まで試料溶液を押し上げる．
毛細管壁に試料溶液が馴染むよう，2～3回繰り返す．洗浄液は捨てる．

2-2．SLS水溶液の上昇高さの測定-1
(1) 共洗い洗浄した試験管に適量の試料溶液を入れる．
水の場合と同様の操作によって毛細管内上昇高さ（h）を求める．
注　意　測定と並行して計算および作図を行い，測定値が妥当であることを確認した後，次の高濃度溶液に取り替えることが望ましい．

2-3．SLS水溶液の上昇高さの測定-2
上記，2-1．および　2-2．にしたがって，
器具の共洗い洗浄後，試料溶液を入れ，上昇高さの測定と並行して計算および作図を行う．
順次高濃度溶液について同様の操作で測定する．
測定終了時には作図も終了している．

図1-3　毛管上昇法による表面張力測定

$$\gamma = \frac{rhdg}{2\cos\theta}$$

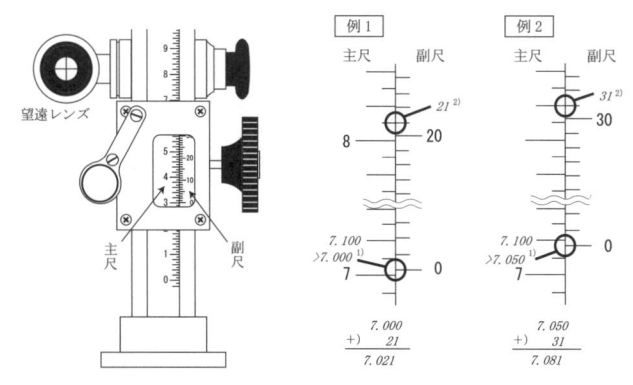

図1-4 読取顕微鏡（カセトメーター）の使い方
1）主尺で読み取れる目盛
2）主尺目盛線と副尺目盛線とが合致したところの副尺目盛

計算および結果の整理

表面張力 γ の計算　希薄な界面活性剤水溶液の密度 d は水の値（表1）を用いてよい．また，同一毛細管を用いて測定すると式（3）の r,d が一定なので，界面活性剤水溶液の表面張力 γ は，溶液の毛細管上昇高さ h ，蒸留水の表面張力 γ_w 管上昇高さ h_w を用いると

$$\gamma = \gamma_w \frac{h}{h_w} \tag{4}$$

となるので，溶液の表面張力 γ を求めることができる．

表1　水の温度と密度および表面張力

温度（℃）	d_w (g/cm^3)	γ_w (dyn/cm, mN/m)
25	0.99707	71.96
30	0.99567	71.15
35	0.99406	70.35

表面過剰量（吸着量）　表面張力 γ （dyn/cm）を縦軸に，濃度 C （mol/L）を横軸にとりグラフを描く．また γ と $\log C$ の関係を描き，これらより SLS の c.m.c. および表面過剰量 Γ （mol/cm^2）を求める．

なお，SLS の場合には Na$^+$ の吸着をも考慮しなければならないので Gibbs 式（1）′を用いて計算しなければならない．

$$\Gamma = -\frac{1}{2RT} \cdot \frac{d\gamma}{d\ln C} = -\frac{0.4343}{2RT} \cdot \frac{d\gamma}{d\log C} \tag{1'}$$

I．臨界ミセル濃度測定

濃度 C における接線の勾配は次の方法で求められるが（図1-5参照），

$$\frac{d\gamma}{d\log C} = \frac{\gamma_1 - \gamma_2}{\log C_1 - \log C_2} \tag{5}$$

$(\log C_1 - \log C_2)$ を横軸の単位長さにとり，そのときの $\gamma_1 - \gamma_2$ を算出することにより容易に勾配が求められる．

低濃度領域では次式の方が計算しやすい．

$$\Gamma = -\frac{C}{2RT} \cdot \frac{d\gamma}{dC} \tag{6}$$

ただし，濃度 C とともに $d\gamma/dC$ が変化するので計算および変化する様子を見るのは煩雑である．

飽和表面過剰量と分子断面積　Szyskowski 式とGibbs の吸着式よりLangmuir式様の式（7）が得られる．

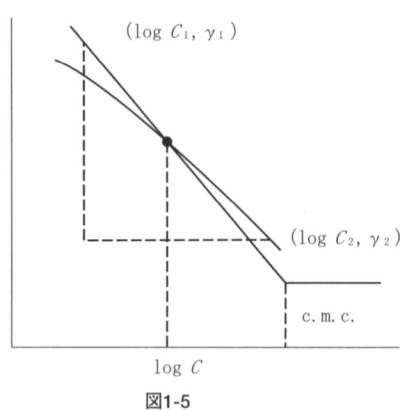

$$\Gamma = \frac{\Gamma_s kC}{1 + kC} \tag{7}$$

図1-5

したがって，横軸に C，縦軸に Γ をとって $\Gamma - C$ 曲線を描くことにより，気／液界面での飽和表面過剰量 Γ_s を求めることができ，これより，分子断面積 A_s（Å^2/molecule）を求めることができる．

$$A_s = \frac{10^{16}}{N\Gamma_s} \tag{8}$$

F～A曲線の作成　界面活性剤1分子当たりの占有面積 A を表面過剰量 Γ を用いて式（8）'で算出し，

$$A = \frac{10^{16}}{N\Gamma} \tag{8'}$$

また，その濃度における表面圧 F (dyn／cm) を式（9）で算出し，

$$F = \gamma_w - \gamma \tag{9}$$

得られた値を用いて $F \sim A$ 曲線を描く．これからも，分子断面積を求めることができる．
ただし，N はアボガドロ数，SLS の分子量は 288.4，$R = 8.31$ J/K·mol（$= 8.31 \times 10^7$ erg/K·mol）

実験 1　毛管上昇法によるSLSのc.m.c.の決定

演習問題

1. 界面活性剤溶液の性質がc.m.cを境として，図1-1に見られるような変化をするのは何故か．
2. 毛管上昇法以外の液体の表面張力測定法をあげ，それらの原理，方法などについて述べよ．
3. 表面張力と濡れ（ぬれ）の関係について述べよ．
4. 次の表はフェノール水溶液（20 ℃）における表面張力のデータである．濃度 0.2 mol/L および 0.4 mol/L の水溶液でのフェノールの表面吸着量を求めよ．

C (mol/L)	γ (dyn/cm, mN/m, erg/cm^2)
0.050	67.88
0.127	60.10
0.268	51.58
0.496	44.97

II. 反応速度

意　義

　反応速度論は，薬学分野のきわめて多方面で利用されている．

　医薬品原料の合成の際の反応工程の研究や反応条件の検討，薬物の安定性の試験やその予測，生体内での医薬品の代謝その他諸反応の機構の解明などは，文字通り対象物の化学変化を経時的に追跡し，反応速度理論を適用することにより目的が達せられることが多い．

　一方，化学反応以外の変化，たとえば，固形医薬品の粉砕，混合，造粒，充填，ろ過などの製剤工程や，製剤からの薬物の溶出，吸湿，懸濁剤・乳剤などにおける粒子の沈降や浮上速度など，製剤の安定性に関わる物理的変化の過程に対しても速度論的な扱いが要求される．

　さらに，製剤が投与された後，生体内で医薬品がたどる道すじ，すなわち溶解，吸収，代謝，排泄などの諸過程を，適当なモデルを使って速度論的に処理する Pharmacokinetics の分野は近年大いに発展し，医薬品の動きそのものやそれを支配する因子の解明，あるいは医薬品の投与計画の立案などに役立っている．加えて，医薬品の有効期間の設定についても有用な知見が得られる．

　本項では，実験が容易で機構も簡単な化学反応系を用いて，基本的な実験法，データ処理の手法などを学ぶ．

II. 反応速度

■実験2.
ショ糖の加水分解反応速度の決定

目 的
ショ糖の転化速度を膨張計を用いて測定し，反応次数および反応速度定数を求める．

原 理
医薬品の安定性に関わる化学反応の速度は，温度の上昇に伴い増加するが，この速度の温度依存性については，アレニウス式（Arrhenius equation）がある．

$$k = Ae^{-\Delta E/RT} \tag{1}$$

または，

$$\ln k = \ln A - \frac{\Delta E}{RT} \tag{1'}$$

ここで，k は反応速度定数，R は気体定数，T は絶対温度，A は頻度因子，ΔE は活性化エネルギーである．

ある反応の A, ΔE を知るには種々温度下で反応速度定数 k を測定しなければならない．また，反応速度定数を求めるには反応次数（Order of Reaction）を知る必要がある．

いま n_a モルの物質 A，n_b モルの物質 B……が反応して，n_p モルの物質 P，n_r モルの物質 R……が生ずる場合，この反応は次式で表される．

$$n_a A + n_b B + \cdots \rightarrow n_p P + n_r R + \cdots \tag{2}$$

反応速度 v については，質量作用の法則（law of mass action）が成立し，原系の各物質の分量の相乗積に比例するので

$$v = k[A]^{n_a}[B]^{n_b}[C]^{n_c}\cdots \tag{3}$$

となる．この式のベキの和（$n_a + n_b + n_c + \cdots = n$）を反応次数という．

いま，反応が物質 A のみによるか，あるいは A に対して物質 B，C が十分多量にあり，反応中その量が不変と見なせる場合には

$$v = -\frac{d[A]}{dt} = k[A]^{n_a} \tag{4}$$

となる．物質 A の初濃度 C_0 が反応時間 t のときに濃度 C になったとすれば

実験2 ショ糖の加水分解反応速度の決定

$$v = -\frac{dC}{dt} = kC^n \tag{5}$$

両辺の対数をとると，

$$\ln v = n \ln C + \ln k \tag{6}$$

となる．

つまり，図2-1 のように様々な濃度 C における反応速度 v を求め，$\ln C$ に対して $\ln v$ をプロットすると直線が得られ，その傾きから反応次数 n を求めることができる．これを微分法とよび，とくに，反応物の初濃度を変えたときの初速度との関係から反応次数を求める場合を，初速度法とよぶ．

ショ糖は，酸性水溶液中では次式で示されるようにブドウ糖と果糖とに加水分解される．

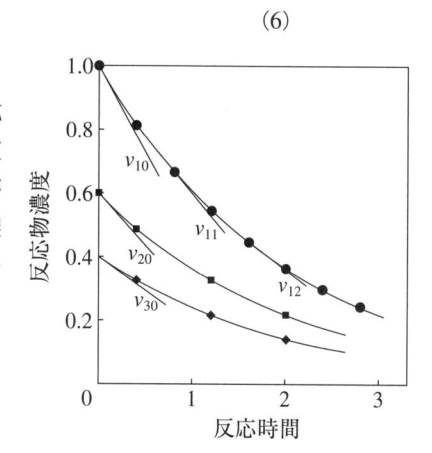

図2-1 種々の反応物濃度における反応速度

$$\begin{array}{c} C_{12}H_{22}O_{11} + H_2O + H^+ \rightarrow C_6H_{12}O_6 + C_6H_{12}O_6 + H^+ \\ \text{ショ糖} \qquad\qquad\qquad \text{ブドウ糖} \quad \text{果糖} \end{array} \tag{7}$$

この変化を糖の転化（inversion）という．この転化速度は反応式から考えると，糖の濃度，水および触媒として加えられた酸濃度の積に比例する．しかし，希薄溶液では反応に関わる水および水素イオンの濃度は反応の進行に伴って変化しないので，この反応の速度は糖自身の濃度のみに比例し，見掛け上一次反応となるはずである．このような反応を擬一次反応（pseudo first order reaction）という．

もしも，糖の転化反応が一次反応であれば $v = -\dfrac{dC}{dt} = kC$ と表され，反応物質の初濃度を C_0 とすれば，式（5）を積分すると次式が得られる．

$$\ln C = \ln C_0 - kt \tag{8}$$

$$\ln \frac{C_0}{C} = kt \tag{8}'$$

また初期濃度を a（$= C_0$）とし，t 時間後に x だけ反応したとすれば未反応残存濃度は $a - x$（$= C$）なので次のように表される．

$$k = \frac{1}{t}\ln\frac{C_0}{C} = \frac{1}{t}\ln\frac{a}{a-x} = \frac{2.303}{t}\log\frac{a}{a-x} \tag{9}$$

この反応はエステルの加水分解と同様に，反応の進行に伴い水が消費されるので，体積の収縮が起こる．この体積変化を膨張計により時間とともに測定すれば，反応の速度を求めることができる．

Ⅱ．反応速度

測定装置，器具および薬品
　恒温槽，膨張計，メスフラスコ，ビーカー（500 mL, 300 mL），マイヤー（500 mL），温度計，メスシリンダー（500 mL），ショ糖，希塩酸（0.6 N）

操　作
試料液の調製
(1) 溶液の調製．ショ糖約 50 g を秤量してビーカーに入れ，蒸留水 250 mL を加え，煮沸しつつ溶解後，測定温度の+5℃まで放冷する．
　　煮沸は溶液中に溶け込んでいる空気を追い出し，膨張計内に気泡の発生を防ぐためなので，1～2分でよい．
(2) 別のビーカーに 0.6 N の塩酸 200 mL を入れ，同様に煮沸後放冷する．

体積変化の測定
(1) 両液が測定温度の+5℃まで冷却したら，それぞれをメスシリンダーで150 mLずつ取り，マイヤーに入れて軽く回す程度に混合する．
(2) 混合液を，膨張計を傾け，気泡が生じないようにA部より，コック位置Bより少し高いところ（a）まで入れる．
(3) コック付近および膨張計内の気泡を完全に取り除いた後，再びA部より，混合液を架橋付近（b）まで入れる．
(4) コックを開いたまま混合液の入った膨張計を，予め測定温度（25～45℃）に調節しておいた恒温槽中に出来るだけ深く，垂直に設置する．
(5) 膨張計内の溶液の温度が測定温度になるまで（約10分）放置する．この間，毛細管部分の液面（b）の変動を観察し，適宜混合液を除去，追加する．
(6) 液面（b）の変動がなくなったらコックを閉じ，時刻および毛細管中の液面の読み n_0 を記録する．
(7) 測定開始．この時点が測定開始であるが，毛細管中の液面が上昇する場合は混合液の温度が設定温度よりも低いことを意味しているので，コックをすばやく開き，再び閉じる．あらためて，測定開始時刻および毛細管中の液面を記録する．
(8) 測定開始後，所定時間ごとに毛細管中の液面の読み n を t と共に記録する．
(9) 数時間後に測定を中止し，翌日に最後の読み n_∞ を読み取る．

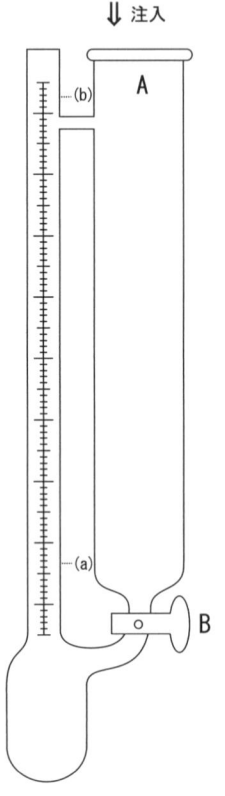

図2-2　膨張計

膨張計の洗浄
(1) 膨張計のコックを開いて測定液を捨てる．
(2) 膨張計A部より水道水を入れ，膨張計内部を洗浄する．
　　アスピレータを使って毛細管部分から洗浄液を捨てる．
　　数回繰り返して，十分に洗浄する．
(3) コックを緩めて，コック部分をも水道水で洗浄する．

実験2 ショ糖の加水分解反応速度の決定

(4) 蒸留水を用いて同様に洗浄する

計算および結果の整理

実験結果より次表を作成する．
測定温度：　　℃

t（分）	n（mm）	$n-n_\infty$	$\dfrac{n_0-n_\infty}{n-n_\infty}$	$\log\dfrac{n_0-n_\infty}{n-n_\infty}$	k
0					
10					
⋮					
∞					

本来反応するべき総濃度 a は，$t=0$ のとき $n=n_0$ とすれば，K を比例定数として次式で表される．

$$a = K(n_0 - n_\infty) \tag{10}$$

また，$t=t$ において，まだ転化せずに残存している糖の濃度 C は，次式で表される．

$$a - x = K(n - n_\infty) \tag{11}$$

この反応が一次反応であることが確かめられれば，式（10），（11）を式（9）に代入して，

$$k = \frac{2.303}{t}\log\frac{a}{a-x} = \frac{2.303}{t}\log\frac{n_0-n_\infty}{n-n_\infty} \tag{12}$$

式（12）より反応速度定数 k が求まる．

計算及び結果の整理

1) 横軸に反応時間 t（min），縦軸に膨張計の目盛り n（mm）をとり，実験結果をグラフに描け．
2) 横軸に t，縦軸に $\log_{10}\dfrac{n_0-n_\infty}{n-n_\infty}$ をとり，実験結果をグラフに描き，速度定数 k を求めよ．
3) 式（8）より半減期 $t_{1/2}$ を求める式を導き，半減期および最初の10%が分解する時間を求めよ．
4) 横軸に t，縦軸に $(n-n_\infty)$ をとり，実験結果をグラフに描け．
t_1, t_2 を任意にとり，任意の2点 $A\,(t_1, n_1-n_\infty)$，$B\,(t_2, n_2-n_\infty)$ におけるそれぞれの接線の傾きから v_1 および v_2 を求め，微分法により反応の次数 n を算出せよ．
5) グループごとに異なった温度で測定を行い，それぞれ得られた k の値の対数と温度の逆数の関係をプロットし，式（1）' の適合性を確かめ，頻度因子及び活性化エネルギーを求めよ．

Temp.（℃）	T（K）	$1/T \times 10^{-3}$（1/K）	k	$\ln k$
25				
30				
35				
40				
45				

II. 反応速度

演 習 問 題

1. 頻度因子及び活性化エネルギーについて説明せよ．
2. 虐待試験について説明せよ．
3. 総合ビタミン製剤中のチアミンが，3年後に1.0 mgの標記量を保つには，始めに何mgのチアミンを配合すればよいか．ただしチアミンの分解は1次反応に従うものとし，その速度定数は25℃で$8.7×10^{-5}$/day，保存温度は25℃とする．
4. 速度論の薬学分野における意義について述べよ．

実験2 ショ糖の加水分解反応速度の決定

反応終点の決定

反応に伴う目盛の推移を実際の反応量の推移に書き換える．

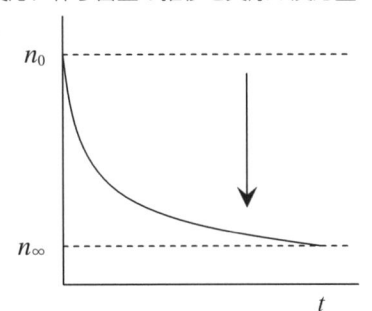

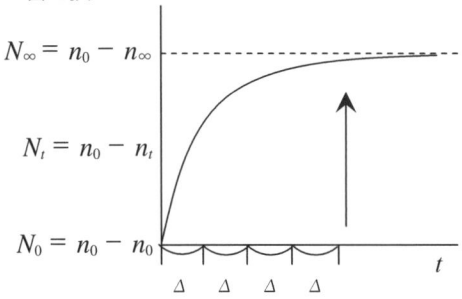

図1．反応に伴う目盛の推移　　　　図2．反応量の推移

$$k\,t = \ln\frac{a}{a-x} = \ln\frac{n_0 - n_\infty}{n_t - n_\infty} = \ln\frac{n_0 - n_\infty}{(n_0 - n_\infty) - (n_0 - n_t)} \tag{1}$$

$N_t = n_0 - n_t$ より

$$\ln\frac{N_\infty}{N_\infty - N_t} = k\,t \tag{2}$$

$$\ln\frac{N_\infty - N_t}{N_\infty} = -k\,t \tag{2'}$$

指数関数で表すと，

$$N_t = N_\infty(1 - e^{-kt}) \tag{3}$$

時間 t から，等間隔時間を Δ とすると，Δ 経過したときの値 $N_{t+\Delta}$ は，

$$N_{t+\Delta} = N_\infty\{1 - e^{-k(t+\Delta)}\} = N_\infty(1 - e^{-kt} \cdot e^{-k\Delta}) \tag{4}$$

$$= N_\infty - N_\infty e^{-kt} \cdot e^{-k\Delta}$$

$$\Big\downarrow \quad N_\infty e^{-kt} = N_\infty - N_t \tag{3'}$$

$$= N_\infty + (N_t - N_\infty)\,e^{-k\Delta} = N_\infty - N_\infty\,e^{-k\Delta} + N_t\,e^{-k\Delta} \tag{5}$$

$$N_{t+\Delta} = N_\infty(1 - e^{-k\Delta}) + N_t\,e^{-k\Delta} \tag{6}$$

Ⅱ. 反応速度 ■■■

横軸に N_t，縦軸に $N_{t+\Delta}$ をとって図示すると，縦軸切片が $N_\infty(1-e^{-k\Delta})$ で，傾きが $e^{-k\Delta}$ の直線（α）となる．
ここで，反応完了後は $N_{\infty+\Delta} = N_\infty$ なので，$N_{\infty+\Delta} = N_\infty$ すなわち，$y = x$ の直線（β）を引くと，N_∞ は直線 α と β との交点として得られる．

<例>

t (min)	n (mm)	N_t (mm)	
0	283	0	$N_0 = n_0 - n_0$
10	269	14	$N_{10} = n_0 - n_{10}$
20	258	25	$N_{20} = n_0 - n_{20}$
30	249	34	$N_{30} = n_0 - n_{30}$
40	241	42	$N_{40} = n_0 - n_{40}$
50	234	49	$N_{50} = n_0 - n_{50}$
60	223	60	$N_{60} = n_0 - n_{60}$
90	207	76	$N_{90} = n_0 - n_{90}$
120	194	89	$N_{120} = n_0 - n_{120}$
150	184	99	$N_{150} = n_0 - n_{150}$

〈反応終点の決定〉

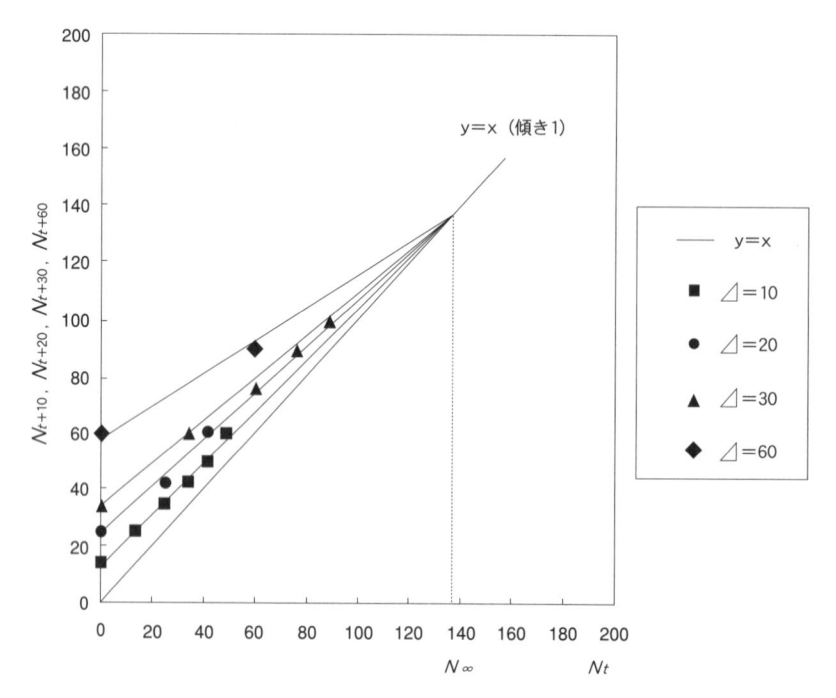

実験2 ショ糖の加水分解反応速度の決定

反応速度（定数）の温度依存性

1）Arrhenius式

反応速度（定数）は温度の上昇により大きくなる．Arrheniusは，反応速度定数の温度依存性を次のように表した．

$$k = A \cdot e^{-\frac{E_a}{RT}} \tag{1}$$

ここで，A は反応の頻度因子，E_a は活性化エネルギーである．
対数式で表すと，

$$\ln k = \ln A - E_a/RT \tag{2}$$

or

$$\log k = \log A - \frac{E_a}{2.303RT} \tag{2'}$$

横軸に絶対温度の逆数$1/T$，縦軸にその温度での反応速度定数の対数値 $\ln k$（or $\log k$）をとって図示すると直線が得られる．縦軸切片として$\ln A$（$1/T = 0$のとき）が求まり，逆対数をとることにより A が求まる．また直線の傾きは $-\dfrac{E_a}{R}$ であり，これからE_aが求まる．

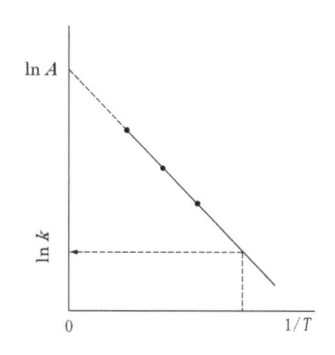

A が求められない場合であっても，式 (2) は次のように表すことができる．

$$\ln\frac{k_2}{k_1} = -\frac{E_a}{R}\left(\frac{1}{T_2} - \frac{1}{T_1}\right) \tag{3}$$

この式から E_a を求めることができる．

2）任意の温度における安定性の予測

任意の温度 T における反応速度定数 k は
1. A, E_a が既知の場合は，式（1）または式（2）より
2. E_a のみが既知の場合は，式（3）において，T_1（とk_1）または T_2（とk_2）の代わりに T を代入して k を算出することができる．

高温下での測定 (T_1, k_1)，(T_2, k_2) で素早く E_a を求めておき，常温下での反応速度（定数）を予測する方法は虐待試験と呼ばれ，医薬品の安定性，有効期間の推定に応用されている．温度以外に，反応要因となるもの，例えば強度の紫外線照射など，反応を加速させて安定性を評価することができる．最近では，高湿度下での保存実験から，DVDディスクの劣化が報告されている．

III. 分配係数

意 義

　たがいに混合しあわず二液相をなす二つの溶媒に，第三の物質を溶解して平衡に達しさせたとき，この物質の両液相における濃度の比は，溶かしたこの物質の量や二溶媒の量にかかわらず一定である．この濃度比の値は分配係数または分配率と呼ばれ，温度の関数である．

　薬物が水，油のどちらの相にどの程度溶け込む性質を持っているかを知ることは，薬物の単離の際重要である．たとえば，天然物からの抽出，水溶液から有機溶媒への転溶，クロマトグラフィー向流分配法による精製などの操作で，油／水分配係数の値が問題となる．

　次に，分配率と薬効の相関性も非常に重要である．経口的に投与された薬物は，まず水を溶媒とする消化液に溶解しなければならないと一般に考えられている．ついで，薬物の吸収に際しては，この薬物分子が生体膜の脂質部に溶解して膜中を移動したのち，ふたたび水を溶媒とした血液中に離されるという説が多くの薬物に対して適用されるといわれる．すなわち，薬物の吸収の良否は，水および油への溶解性のバランスいかんによって左右される[*]．化学的に同族である薬物群の吸収の程度を油／水分配係数の大小から類推したり，ある薬物に化学的装飾を施して分配係数の値を変え，吸収性を調節したりすることができる．

[*]　油／水分配係数の値が 100～1000 のものが吸収がよいといわれている．

III. 分配係数

■実験3.
安息香酸のシクロヘキサン／水分配係数の決定

目 的
安息香酸のシクロヘキサン－水系における分配係数を決定する．

原 理
　二つの混合しない液体が二相を形成している状態に，双方の液体に溶ける物質を加えて十分に振盪すると，溶質は二液相に分配溶解される．溶質分子は二液相間を移動できるが，一方から他方への移動速度が逆方向の移動速度と等しくなれば平衡に達する．
　いま，溶質 A の有機液体および水中における濃度の比を考えると

$$\frac{C_{A, \text{org}}}{C_{A, \text{aq}}} = K_{\text{org/aq}} \tag{1}$$

これを分配の法則といい，分配の平衡定数 $K_{\text{org/aq}}$ を分配係数という．$K_{\text{org/aq}}$ の値は両相の液量や溶質の量に無関係で，温度一定下では一定値である．
　もし溶質の分子量が二つの液体中で異なるとそれらの濃度比は一定とはならない．逆に，濃度比が一定でなければ溶質の分子量が二つの液体中では異なることが推測される．例えば，ある溶質が有機液体中で n 分子会合しているならば

$$nA\,(\text{aq}) \rightleftarrows A_n(\text{org}) \tag{2}$$

このときの分配係数は次式で表される．

$$\frac{C_{A, \text{org}}}{C_{A, \text{aq}}^n} = K_{\text{org/aq}} \tag{3}$$

したがって，分子会合数や分配係数を求めるには，式 (3) の両辺の対数をとり，整理して

$$\log C_{A, \text{org}} = \log K_{\text{org/aq}} + n \log C_{A, \text{aq}} \tag{4}$$

得られた式 (4) にしたがって，$\log C_{A, \text{aq}}$ を X-軸に，$\log C_{A, \text{org}}$ を Y-軸にとってグラフを書き，直線の傾きから n，Y-軸切片から $K_{\text{org/aq}}$ が求められる．

実験3 安息香酸のシクロヘキサン／水分配係数の決定

測定器具及び薬品

共栓マイヤー，分液ロート，試験管，ホールピペット（5 mL, 10 mL, 20 mL, 50 mL），メスフラスコ（50 mL），吸光度計（水相用，シクロヘキサン用），安全ピペッター
安息香酸水溶液（2.00 mmol/L, 25.0 mmol/L），シクロヘキサン，精製水

操 作　　注：低濃度または高濃度溶液のいずれかを測定する．

1. 安息香酸濃度の異なる試料液を調製

	No.1	No.2	No.3	No.4
シクロヘキサン （mL）	20	20	20	20
安息香酸水溶液 （mL）	50	40	20	10
精 製 水 （mL）	10	20	40	50

例　No.1の場合
(1) 共栓マイヤーにシクロヘキサン用ホールピペット（20 mL）で 20 mL のシクロヘキサンをとる．注）安全ピペッター使用
(2) 水相用ホールピペット（50 mL）で安息香酸水溶液 50 mLをとり（1）に加える．
(3) 水相用ホールピペット（10 mL）で精製水 10 mL をとり（2）に加える．
(4) 栓を閉めて混合溶液を十分振とうさせ平衡に達しめる．（少なくとも1 時間）

2. 混合溶液の分離・分取
　　注）No.1の共栓マイヤーの試料は No.1 の分取ロートで，No.2の共栓マイヤーの試料は，No.2の分液ロートで分取する．
(1) 十分に振とうした後，それぞれのナンバーを記した分液ロートに移す．
(2) 分液ロートから水相・シクロヘキサン相をそれぞれの試験管に分取する．分取した水相・シクロヘキサン相は，実験終了まで捨てないこと．
　（高濃度のシクロヘキサン相は試験管に分取する必要はない）

3. 安息香酸の濃度の決定
(1) 吸光度計により，それぞれの吸光度を測定し，検量線から安息香酸の濃度を求める．
　（ブランクの値を考慮する）
　注）水相は水相用セルで，シクロヘキサン相はシクロヘキサン相用セルで測定．
　注）高濃度のシクロヘキサン相の平衡濃度は直接求める必要はない．（結果の整理の項参照）
(2) 測定済みの溶液は指定の廃液瓶に捨てる．

4. ガラス器具の洗浄，乾燥

III. 分配係数

計算及び結果の整理

1. 濃度の決定

    検量線（濃度 C と吸光度 D_n との関係，n は波長）

    水相：C（mmol/L）$= 1.183 \times D_{271}$ (1)

    油相：C（mmol/L）$= 1.227 \times D_{274.4}$ (2)

    安息香酸水溶液原液濃度

    低濃度安息香酸溶液原液は希釈せずに，高濃度安息香酸溶液原液は10倍希釈後，波長 271 nm における吸光度 D_{271} を測定．

    検量線（1）に代入して濃度を算出．

    平衡濃度

1) 低濃度安息香酸水溶液を使用した場合

    分液ロートで分取した水相・シクロヘキサン相は，希釈せずに吸光度を測定．

    検量線（1）または（2）に代入して，水相またはシクロヘキサン相濃度を算出．

2) 高濃度安息香酸水溶液を使用した場合

    (1) シクロヘキサン相の平衡濃度は，吸光度により直接求めるのではなく，水相の初濃度と平衡濃度との差より算出する．

    （水相の初濃度－水相の平衡濃度）$\times 3$（mmol/L） (3)

    (2) 分液ロートで分取した水相 No.1～No.4 の10倍希釈液を調製．

    試験管より，ホールピペット（5 mL）で溶液を 5 mL 採取し，50 mL のメスフラスコに入れ精製水でメスアップする（10倍希釈）．

    吸光度計を用いて，10倍希釈液の吸光度を測定し，検量線（1）より水相の安息香酸濃度を算出する．

2. 平衡濃度を対数値に変換する（$\log C$）．
3. $\log C_{cyc}$ を縦軸に $\log C_w$ を横軸にとり，測定値をグラフにプロットする．
4. 測定点を結び直線の式を求め，傾き n と切片 $\log K$ を求める．

    $\log C_{cyc} = n \log C_w + \log K$ (4)

5. 式（4）より求めた n と，各濃度より次式（5）を用いて分配係数 $K_{cyc/w}$ を算出．

    計算により求めた $K_{cyc/w}$ の平均値とグラフより求めた K 値を比較する．

    $K_{cyc/w} = C_{cyc}/C_w{}^n$ (5)

    a) 低濃度溶液

	液 相	初濃度 (mmol/L)	吸 光 度 （ブランクを引いた値）	平衡濃度 (mmol/L)	$\log C$	$K_{cyc/w}$
1	油相 C_{cyc}					
	水相 C_w					
2	油相 C_{cyc}					
	水相 C_w					
3	油相 C_{cyc}					
	水相 C_w					
4	油相 C_{cyc}					
	水相 C_w					

実験3 安息香酸のシクロヘキサン／水分配係数の決定

b) 高濃度溶液

	液 相	初濃度 （mmol/L）	吸 光 度 （ブランクを引いた値）	平衡濃度 （mmol/L）	log C	$K_{cyc/w}$
1	油相 C_{cyc}					
	水相 C_w					
2	油相 C_{cyc}					
	水相 C_w					
3	油相 C_{cyc}					
	水相 C_w					
4	油相 C_{cyc}					
	水相 C_w					

K_{AV} = _____

演 習 問 題

1. n の意味について考察する．
2. 分配係数の薬学分野における意義について考察する．
3. 水相中における濃度が 0.2 w/v% であればカビの発育を抑制することができる保存剤（単一化合物）について，トウモロコシ油 10 mL，精製水 90 mL，全量 100 mL よりなる乳剤を調製し，乳化系製剤中における保存剤の効力を検討した．保存剤の水相中におけるイオン解離はなく保存剤のトウモロコシ油／精製水間の分配係数を20，乳化剤と保存剤との相互作用，油相中における保存剤の会合などは無視できるものとする．

　いま保存剤を加えてよくふりまぜ，保存剤が油相，水相に完全に分配したとき，水相中に 0.2 w/v% の保存剤が存在するようにするためには何 g の保存剤が必要か．

Ⅳ. 吸着量

意 義

　吸着とは，一般に，界面付近の組成が相内部のそれと異なる現象をいうが，普通には固-気，固-液，気-液界面などで，気体分子あるいは溶質分子が界面により密に存在するようになる場合を対象として取扱う．

　医薬品のなかには，古来吸着剤と称せられるものがあり，腸内異常発酵物質，毒物などを吸着除去する目的に使用されてきた．しかし，吸着現象が薬学で重要視されるのは，これが広く分散系の状態を理解するのに重要な現象であるからである．たとえば，製剤工程あるいはでき上がった製剤そのものについて，吸着現象が直接関与するものを列挙してみると，物質精製時の重要操作であるクロマトグラフィーの原理，気体あるいは溶質の吸着を利用する医薬品原料粉末の表面積測定，水蒸気の吸着（吸湿）と製剤の物理的化学的安定性，懸濁製剤・乳剤製造における界面活性剤，高分子の役割などとなるだろう．

　一方，薬物の生体内挙動を考える場合，薬物の生体細胞壁への薬物分子の結合と透過，体内のタンパク質と薬物の結合による貯留およびこれが原因で起こる薬物相互作用，非生体高分子と薬物の結合による薬効の遅延効果（持効化）などについて，吸着の概念あるいはそのデーター取扱い法を準用して論じられることが多い．

IV. 吸着量

■実験4.
合成ケイ酸アルミニウムへの塩酸ベルベリンの吸着量測定

目 的

塩酸ベルベリン溶液に合成ケイ酸アルミニウムを投入し一定量の合成ケイ酸アルミニウムにより吸着される塩酸ベルベリン量と平衡濃度との関係を求め，Langmuir の式を適用して飽和吸着量および Langmuir 定数を求める．

原 理

固体が気体や溶液と接しているときには，その境界面における濃度は気相中や液相中より大である．このとき気体や溶質は固体に吸着されたといい，このような現象を吸着（adsorption），吸着する側の物質を吸着質（adsorbent），吸着される物質を吸着媒（adsorbate）という．一定温度における吸着量 x と平衡圧 P_e または平衡濃度 C_e との関係を示す式を吸着等温式，またこの関係を示す曲線を吸着等温線（adsorption isotherm）とよび，種々の式が提出されている．
Freundlichはこの関係について，比較的平衡濃度の小さい溶液からの吸着の場合

$$x = \frac{X}{m} = k\,C_e^n \tag{1}$$

で表わされる実験式を与えた．ここに，x は吸着媒 1g 当たりの吸着量，k, n は系に特有な定数で，m は吸着媒量である．両辺の対数をとると

$$\log x = \log k + n \log C_e \tag{2}$$

となるので，X-軸に $\log C_e$，Y-軸に $\log x$ をとり，吸着量と濃度との関係をグラフに描けば直線が得られ，直線の傾きとY-軸の切片から n と k とが求まる．

Langmuirは吸着質が吸着媒の表面に1分子だけ配列して，表面が吸着質の単分子膜で完全に覆われたときが吸着の限界であるという単分子層吸着説に基づいて，吸着等温式を理論的に導いた．

$$x = \frac{k x_\infty C_e}{1 + k\,C_e} \tag{3}$$

ただし，x_∞は飽和吸着量，k は吸着熱に関したパラメータ（Langmuir 係数）である．
式（3）を変形すると次式が得られる．

$$\frac{C_e}{x} = \frac{1}{k x_\infty} + \frac{1}{x_\infty} C_e \tag{4}$$

実験4 合成ケイ酸アルミニウムへの塩酸ベルベリンの吸着量測定

したがって，横軸 C_e に対して縦軸 C_e/x の関係をグラフに描くと，直線の勾配からx_∞が得られ，これと縦軸切片から k が求められる．

式（1）〜（4）の C_e の代わりに平衡圧 P_e を用いても成立する．気体の場合，気体の圧力が高くなると多分子層吸着が起こるようになる．単分子層の吸着様式と2層目以上の吸着様式が異なると考え，Brunauer, Emmett, Teller により多分子層吸着等温式が提唱された．これはB.E.T.式と呼ばれ，吸着量 v は次式で表される．

$$v = \frac{K v_\infty P_e}{(P_0 - P_e)\{1 + (K-1) P_e / P_o\}} \tag{5}$$

$$\frac{v(P_0 - P_e)}{P_0} = \frac{K v_\infty}{1 + (K-1)(P_e/P_o)}$$

$$\frac{P_o}{v(P_0 - P_e)} = \frac{1}{K v_\infty} + \frac{K-1}{K v_\infty} \times \frac{P_e}{P_o} \tag{6}$$

X-軸にP_e/P_oを，Y-軸を$P_0/\{v(P_0-P_e)\}$として図示すると，直線の勾配およびY-軸切片から K およびv_∞ が求められる．

B.E.T.式（5）は，$P_e \ll P_0$の場合にはLangmuir式（3）に一致する．

［比表面積］　吸着媒1g 当たりの表面積すなわち比表面積S_{sp} (m²/g)は次式で得られる．

$$S_{sp} = x_\infty \cdot N \cdot \alpha \cdot 10^{-20} \tag{7}$$

ここで，x_∞ は吸着媒 1 g 当たりの飽和吸着量 (mol/g)，N はアボガドロ数，α は吸着分子の断面積（Å² / molecule or molec.）である．

実験装置，器具および薬品

バランス式振盪器，遠心分離器，比色計，共栓試験管，試験管，遠沈管，メスピペット，メスフラスコ，ホールピペット，駒込ピペット，塩酸ベルベリン，合成ケイ酸アルミニウム．

操　作

塩酸ベルベリン溶液の調製

(1) 塩酸ベルベリン 2 mM 調製原液を正確に，メスピペットを用いて1/1, 3/4, 1/2, 1/4 倍希釈液を調製する（初濃度C_0）．
(2) 種々濃度の希釈溶液 20 mL を共栓試験管に入れる．これに各々 0.2 g の合成ケイ酸アルミニウムを mg 単位まで精秤(m)して投入する．
(3) 予め手で振り，合成ケイ酸アルミニウムを懸濁させた後，バランス式振盪器で約1時間振盪する．

　　　待ち時間中に，2 mM 調製原液を 1/50 に希釈してから比色計で波長 420 nm での透過率を測定し，換算表から吸光度を求める．検量線（濃度〜吸光度）式（8）より濃度を算出する．これより原液濃度を求める．

Ⅳ. 吸着量

(4) 振盪終了後，共栓試験管の平衡溶液を遠沈管に移してバランスをとった後，遠心分離器にかけて浮遊している合成ケイ酸アルミニウムを沈降させる．
(5) 駒込ピペットを用いて，平衡溶液の上澄液を試験管に移し取る．
(6) 1/1，3/4，1/2倍に希釈した初濃度の平衡溶液の上澄液を1/10に希釈する．1/4倍に希釈したものはそのまま透過率を測定する．得られた透過率より吸光度を求める．
(7) 塩酸ベルベリン溶液の平衡濃度 C_e を，検量線（濃度〜吸光度）式（8）より求める．

$$C(\text{mM}) = \frac{D_{420}}{6.177} \tag{8}$$

なお，本来恒温条件下で行うべきであるが，実験所要時間が短く，比較的温度変化が少ない場合は室温で行うことができる．

計算および結果の整理

1) 吸着量および Langmuir 定数の算出

合成ケイ酸アルミニウム 1 g によって吸着された塩酸ベルベリン量を次式により算出するとともに次表を作成する．v は溶液量(mL)である．

$$x \left(= \frac{X}{m} \right) = (C_0 - C_e) \frac{v}{1000\,m} \tag{9}$$

		No.1	No.2	No.3	No.4	No.5	No.6
合成ケイ酸アルミニウムの量	m (g)						
塩酸ベルベリン初濃度	C_0 (mM)						
塩酸ベルベリン平衡濃度	C_e (mM)						
吸着量	X (m mol)						
	$x = X/m$ (mmol/g)						
$1/C_e$	( )						
$1/x$	( )						
C_e/x	( )						
飽和吸着量	x_∞ ( )						
Langmuir 係数	k ( )						

2) 吸着等温線の作成

平衡濃度 C_e (mM) に対して吸着量 x (m mol/g) を図示する．

3) Langmuir plot

平衡濃度 C_e (mM) に対して C_e/x を図示して，直線の勾配および切片から x_∞ および k を求める．

実験4 合成ケイ酸アルミニウムへの塩酸ベルベリンの吸着量測定

演 習 問 題

1. Langmuir の吸着等温式を誘導せよ．
2. ある粉体 1,000 g を用いて窒素の沸点での窒素の吸着実験を行い，次表のような結果を得た．この粉体の比表面積はいくらか．ただし，窒素分子の断面積を 16.2 Å^2 とする．

P mmHg	v cm³N.T.P.	P/P_0	$P_0/v(P_0-P)$
29.0	2.839	0.0381	0.0140
66.2	3.526	0.0870	0.0270
100.8	3.901	0.1324	0.0391
150.0	4.234	0.1971	0.0580
220.6	4.813	0.2662	0.0754
251.0	5.250	0.3298	0.0936

Ⅴ. 粉体物性

意義

　医薬品を製造するための薬物や製剤原料の大多数は粉末であり，散剤や細粒・顆粒剤は剤形そのものが粉体である．さらに錠剤をはじめ液状製剤や半固形製剤といったその他の医薬品製剤においても，製剤化工程においては医薬品原料や中間製品を粉体として取り扱う．したがって粉体あるいはそれらを構成する粒子の特性（粉体物性）を知ることは製剤学上重要である．

　粉体を構成する粒子の性質を「粉体の一次物性」といい，粒子径，粒度分布，粒子形態，表面積，粒子表面状態などがある．一方，粉体の集合体としての性質を「粉体の二次物性」といい，密度，かさ，流動性，充填性，付着凝集性などがある．粉体の取り扱い易さ・難さ（ハンドリング性）は上記の二次物性を測定することで定量的に評価でき，また二次物性は粒子個々の特性（一次物性）に大きく左右される．加えて，医薬品としてのパフォーマンス（薬理効果など）や品質（安定性など）を決定する特性（溶解性，ぬれ性，吸湿性など）は，一次物性とも密接に関係している．例えば，難溶性薬物の場合，その粒子径（表面積）の大小は，消化管内での薬物の溶解性（特に溶解速度）の大小を決定し，その結果消化管からの吸収の難易，ひいては薬効の強弱に大きく影響を及ぼす．

　このように粒子集合体である粉体の性質を論じる場合，まず，粒子としての性質を明らかにする必要がある．本項では，粒子の性質として粒子径およびその分布の測定をとり上げる．次に集合体である粉体物性としては，充填性，流動性に関する特性値であるみかけ密度と空隙率，および安息角の測定をとり上げ，一次物性と二次物性が密接に関連していることを学習する．

　粉体物性の重要性が再認識された結果，日本薬局方においても2006年の第15改正より，一般試験法において「3.01 かさ密度及びタップ密度測定法」，「3.02 比表面積測定法」，「3.03 粉体の粒子密度測定法」，「3.04 粒度測定法」が収載されている．

Ⅴ．粉体物性

■実験5.
顕微鏡法による粉体の粒度分布と平均粒子径の測定

目 的
顕微鏡法により粉体の粒度分布を測定し，得られたデータから平均粒子径を算出する方法を学ぶ．

測定器具及び試料
乳糖80M（メッシュ），乳糖200M（メッシュ）
ノギス，あるいは定規

測定器具及び試料
品番の異なる2種の乳糖を試料として光学顕微鏡観察し，配布する顕微鏡写真を拡大したプリントを得た．以下の指示に従い，粒度分布表を完成させ，平均粒子径を求めよ．

1. 投影像個々の粒子について，Feret（フェレー）径（定方向接線径）を測定する．なお接線はすべての粒子で同一方向に取るようにする．
2. 粒子画像を挟む2本の平行接線を引く．
3. 接線間の距離を定規（あるいはノギス）にて計測する．
4. ミクロメーターの目盛間距離から拡大倍数を算出する．
5. 接線間の実測距離を拡大倍数で除し，個々の粒子のFeret径を算出する．
6. 粒度範囲ごとにそこに含まれる粒子個数（n）をカウントする．なお各区間の粒度範囲を乳糖80Mでは40 μm（0〜40，40〜80，‥），乳糖200Mでは10 μm（0〜10，10〜20，‥）とする．
7. 全粒子個数に対する各粒度範囲に含まれる粒子個数を頻度（％）として算出する．また粒子の小さい方から頻度（％）を積算し，積算（％）として算出する．
8. 区間代表径（d）はその区間の上限値と下限値の算術平均とする．
9. nd, nd^2, nd^3, nd^4, 並びにnd^3頻度（％）を算出し，以下の表を完成させる．

粒度範囲 （μm）	区間代表径 d（μm）	個数 n	個数頻度 （％）	個数積算 （％）	nd	nd^2	nd^3	nd^3頻度 （％）	nd^4
積算値									

実験5 顕微鏡法による粉体の粒度分布と平均粒子径の測定

粒度分布図の作成

以下の指示に従い，グラフ用紙に各粒度分布曲線を描きなさい．乳糖80Mと乳糖200Mは別のグラフ用紙を使用すること．

1. 区間代表径を横軸に，個数頻度（％）を縦軸にとり，得られた結果をプロットして個数基準の頻度分布曲線（図A－1）を描きなさい．
2. 区間代表径を横軸に，個数積算（％）を縦軸にとり，得られた結果をプロットして個数基準の積算分布曲線（図B，累積篩下粒度分布曲線という）を描きなさい．
3. 図A－1が書かれたグラフ用紙に，区間代表径を横軸に，nd^3頻度（％）を縦軸にとり，得られた結果をプロットして質量基準の頻度分布曲線（図A－2）を描きなさい．

平均粒子径の算出

以下の指示に従い，種々の定義に基づく代表径（平均粒子径）を求めなさい．

1. 図A－1，図A－2の各頻度分布曲線の山のピーク位置から，モード径を求めなさい．
2. 図Bの積算分布曲線から積算50％粒子径（メジアン径という）を求めなさい．
3. 顕微鏡投影図をもとに，表5-1に示した計算式からD_1（長さ平均径），D_2（面積長さ平均径），D_3（体面積平均径），D_4（質量平均径）をそれぞれ求めなさい．

解説

① 粒子投影像と粒子径

光学または電子顕微鏡による粒子投影像から個々の粒子の粒子径を計測するには，図5-1に示したように定義の違いにより様々な粒子径が得られる．顕微鏡法による粒子測定は，視覚的な大きさがそのまま粒子径に反映されるため，粒子径測定の基礎となる．なお顕微鏡法による測定では，個数基準の分布が得られる．

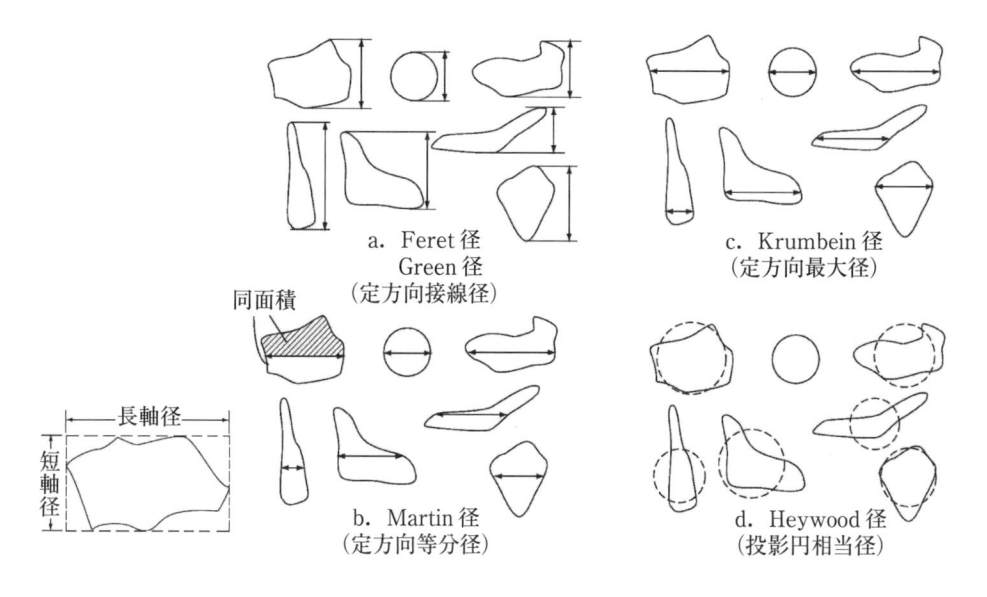

図5-1 粒子投映像における粒子径の定義

V．粉体物性

② 頻度分布曲線と積算分布曲線

粉体を構成する粒子の大きさには分布がある．粒度分布を図示する方法には，図5-2に示すように二つあり，一つは（a）のように縦軸にその粒子径を持つ粒子の頻度（個数または質量が全体に占める割合）をとる場合であり，頻度分布曲線と呼ばれる．もうひとつは（b）のように縦軸にその粒子径以下の粒子の積算割合，あるいはその粒子径以上の粒子の積算割合をとる場合であり，積算分布曲線（または累積分布曲線）と呼ばれる．

頻度分布曲線の山のピーク位置の粒子径をモード径，積算分布曲線の50％積算値にあたる粒子径をメジアン径と呼び，粉体の代表粒子径あるいは平均粒子径として用いられる．

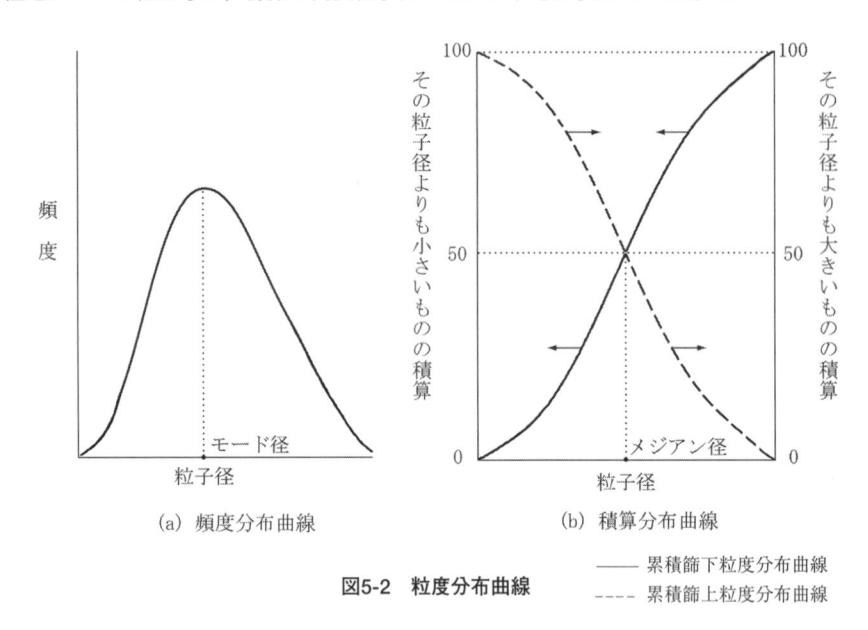

(a) 頻度分布曲線　　(b) 積算分布曲線

図5-2　粒度分布曲線

―――― 累積篩下粒度分布曲線
---- 累積篩上粒度分布曲線

③ 個数分布と質量分布

粒子の集合体である粉体の粒度分布を測定する際，粒子一つ一つのサイズを計測する側面と，ある範囲の粒子径をもつ粒子がどれくらい存在しているかの頻度を測定する2つの側面がある．たとえば顕微鏡法では投影像より個々の粒子径を測定し，次にある範囲にある粒子が何個あるかをカウントする．一方，ふるい分け法ではふるい毎に分画されたある粒度範囲の粉体が何グラムあるかを秤量する．前者のようにして得た粒度分布を「個数基準の分布」，後者を「質量基準の分布」という．

同一試料からなる粉体の粒度分布を個数基準および質量基準にて計測を行ったとき，得られる分布曲線は，図5-3に示したように質量基準による分布の方が，大きい方へシフトする．これは質量基準では，同じ1個でも大粒子は小粒子に比べて質量比分の重み付けをされて評価されるからである．

実験5 顕微鏡法による粉体の粒度分布と平均粒子径の測定

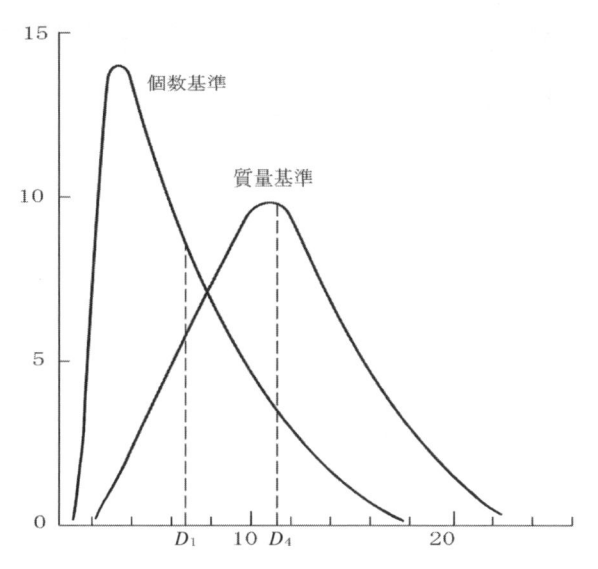

図5-3 個数基準による頻度分布曲線と質量基準による頻度分布曲線

④ 統計的平均径

顕微鏡法にて得たデータから統計的に求める平均粒子径とその計算式を表5-1に示した．ここで質量平均径D_4は，大粒子の重み付けを大きく取り，ふるい分け法などの質量基準による測定法による平均粒子径に近似させたものである．

表5-1 統計的平均粒子径の計算式

名　称	記号	計算式（個数基準）	計算式（質量基準）
長さ平均径	D_1	$\dfrac{\sum nd}{\sum n}$	$\dfrac{\sum(w/d^2)}{\sum(w/d^3)}$
面積長さ平均径	D_2	$\dfrac{\sum nd^2}{\sum nd}$	$\dfrac{\sum(w/d)}{\sum(w/d^2)}$
体面積平均径	D_3	$\dfrac{\sum nd^3}{\sum nd^2}$	$\dfrac{\sum w}{\sum(w/d)}$
質量平均径	D_4	$\dfrac{\sum nd^4}{\sum nd^3}$	$\dfrac{\sum wd}{\sum w}$
面積平均径	D_S	$\sqrt{\dfrac{\sum nd^2}{\sum n}}$	$\sqrt{\dfrac{\sum(w/d)}{\sum(w/d^3)}}$
体積平均径	D_V	$\sqrt[3]{\dfrac{\sum nd^3}{\sum n}}$	$\sqrt[3]{\dfrac{\sum w}{\sum(w/d^3)}}$

n：個数，d：個々の粒子径，w：個々の質量

V. 粉体物性

■実験6.
沈降法による粉体の粒度分布と平均粒子径の測定

目 的
　液中に分散した粒子が沈降する挙動について理解を深め，さらに得られた沈降曲線からその粉体の粒度分布を測定する原理について学ぶ．

測定器具及び試料
　局方炭酸マグネシウム，あるいは熔融アルミナ，ヘキサメタリン酸ナトリウム
　アンドレアゼンピペット，定規，安全ピペッター，遠沈管（16本及び予備数本），試験管たて，メスフラスコ（1 L）

実験方法および操作
　アンドレアゼンピペット内（図5-4参照）の水中に均一に分散させた粉体試料を自然沈降させ，経時的にサンプリングして懸濁液の濃度を測定することで，粉体の粒度分布を求める．

＜準備＞
1. アンドレアゼンピペットの標線からピペットの先端までの長さ（h_0，沈降距離に相当する）を計測する．
2. ヘキサメタリン酸ナトリウム水溶液（0.2%）を1 L分調製する．
3. 遠沈管16本に番号を付け，それぞれの質量を精秤する．

＜測定＞
4. 測定する粉体試料 約8.35 g（懸濁液濃度として約 1%）を精秤し，アンドレアゼンピペット容器内に入れる．
5. ヘキサメタリン酸ナトリウム水溶液（0.2%）を標線まで入れ（容量835 mL），蓋をし，よく振とうして粉体を均一に分散させる．
6. ピペットを挿入後，静置し，タイマーをスタートする．開始直後，ピペットから懸濁液を静かに吸引して10 mLをサンプリングし，遠沈管にとる．
7. 一定時間（例えば30，60，90，120，180分間）沈降させた後，ピペットから同様にしてサンプリングし，遠沈管にとる．この際，サンプリングによる液面降下距離（h_t）を同時に測定する．
8. 遠心分離後，デカンテーションにより透明な上澄液を廃棄する．
9. 遠沈管を乾燥機に入れてサンプル中の水を完全に蒸発乾燥させ，残った粉体を含んだ遠沈管の質量を精秤する．
10. 予め秤量しておいた空の遠沈管の質量を差し引いて，採取した粉体質量を算出する．

計算と作図
11. 各サンプリング時点でのサンプリング時間（＝沈降時間，t 秒）と液面からピペット先端までの距離（沈降距離，$h = h_0 - h_t$，cm）の値から，ストークス径（D_p）を算出せよ．
12. 採取した粉体質量の値から，サンプリングした懸濁液の濃度（C）を算出し，沈降開始時の濃

実験6 沈降法による粉体の粒度分布と平均粒子径の測定

度（C_0）に対する比（C/C_0）を求めよ．

13. 得られたストークス径（D_p）を横軸に，$C/C_0 \times 100$（%）を縦軸にとり，それぞれのサンプリング時点でのデータをプロットして，累積篩下粒度分布曲線を作図しなさい．
14. 次にその図から50%積算粒子径（メジアン径）を算出しなさい．

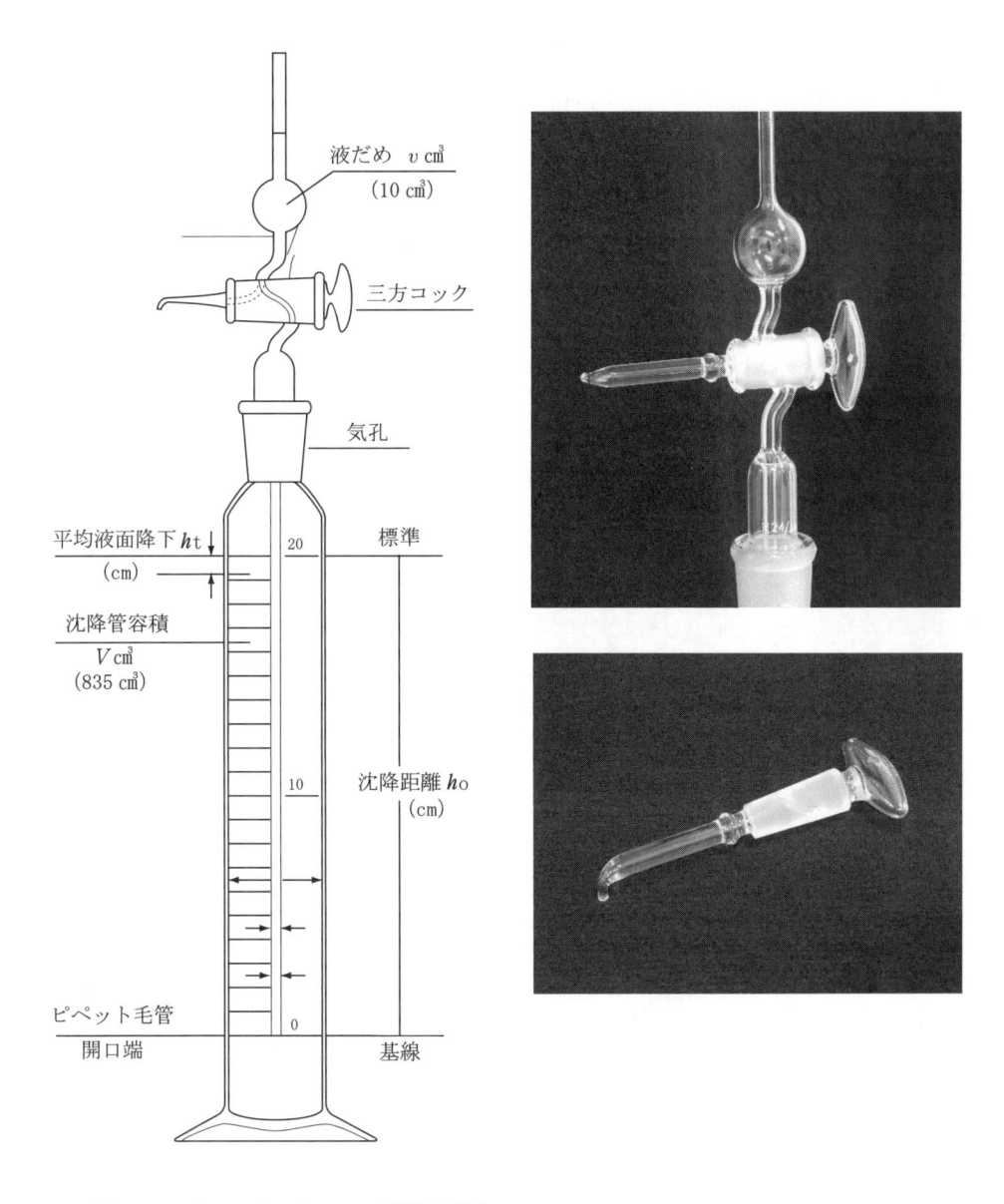

図5-4 アンドレアゼンピペットの外観像と構造

Ⅴ．粉体物性

解説

　液中に分散した懸濁粒子は，静置状態ではその粒子径に依存した一定の速度で沈降している．この沈降速度を表した式が以下のStokes（ストークス）式である．

$$v = \frac{(\rho - \rho_0) \cdot g}{18 \eta_0} \times D_p^2 \quad (1)$$

ここで，

- v ： 沈降速度（cm/sec）
- ρ ： 粉体試料の粒子密度（g/cm³）
- ρ_0 ： 分散媒の密度（g/cm³）　（水の場合，1.0 g/cm³ とする）
- η_0 ： 分散媒の粘度（g/cm・sec, mPa・sec）（水の場合，0.01 g/cm・sec, mPa・sec とする）
- g ： 重力加速度（= 980 cm/sec²）
- D_p ： ストークス径（cm）　（沈降法にて得た粒子径のこと）

沈降速度（v）は，沈降時間（t, sec）と沈降距離（h, cm）にて与えられるため（$v = h/t$），（2）式が導かれる．

$$D_p = \sqrt{\frac{18 \eta_0}{(\rho - \rho_0) \cdot g}} \times \sqrt{\frac{h}{t}} \quad (2)$$

　すなわち，静置後一定時間（t）に一定距離（h）を沈降した粒子の粒子径は，（2）式より求めることができる．なおアンドレアゼンピペットによる測定において，各時点でサンプリングされる粒子は，（2）式にて求められるストークス径以下の粒子径を有するものであり，その粒子径以上の粒子は沈降してしまい，採取されていないということになる．

　実際の測定にあたっては，沈降速度の測定方式には原理的に二通りある．一つはある特定の高さにおける濃度の時間による変化を測定する方法で，減分方式という．もう一つは，ある特定の高さにおいて沈降・堆積した全粒子質量の時間による変化を測定する方法で，累積方式という．例えば図5-5に示したように，ある深さに挿入したピペットで，ある時間ごとに少量吸い上げて採取し，その濃度を測定する測定法（a, ピペット法）が前者に属する．一方，ある深さに皿を用意し，そこに沈降・堆積する粒子質量を天秤により測定する方法（b, 沈降天秤法）が後者の代表例である．

a）アンドレアゼンピペット　　b）沈降天秤

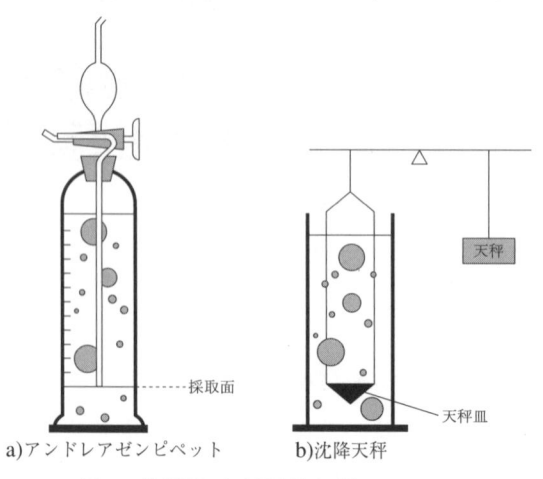

図5-5　沈降法による測定法の2例

実験6 沈降法による粉体の粒度分布と平均粒子径の測定

いま，大小二種類の粒子からなる仮想粉体の分散液における沈降を，ピペット法および沈降天秤法で測定したとき，時間に対する測定質量の関係を描くと，図5-6のような模型図となる．大小の両粒子は，いっせいに沈降を開始するが，$t_大$の時間の時，大粒子のうち最高位置にある粒子がちょうど測定面まで沈降する．そのため，ピペット法では大粒子は採取できなくなり，採取量が大粒子の質量割合分減少する．一方沈降天秤法では大粒子の堆積が終了するため，沈降曲線が変曲点を与える．その後さらに沈降が進み，$t_小$の時間になると，測定面からみた小粒子の沈降が終わるため，ピペット法では採取量がゼロになり，沈降天秤法では堆積質量が最大になって止まる．

実際の粉体試料では，大小様々な粒子径を持った多分散粒子群であるため，図5-7に示したような滑らかな沈降曲線を描くことになる．

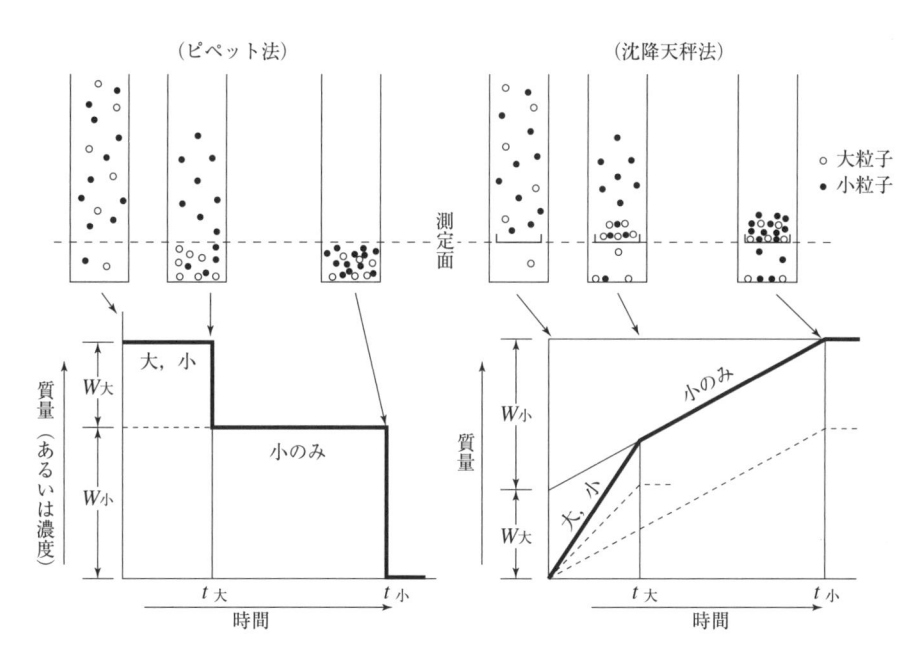

図5-6 ピペット法と沈降天秤法による沈降曲線の模型図

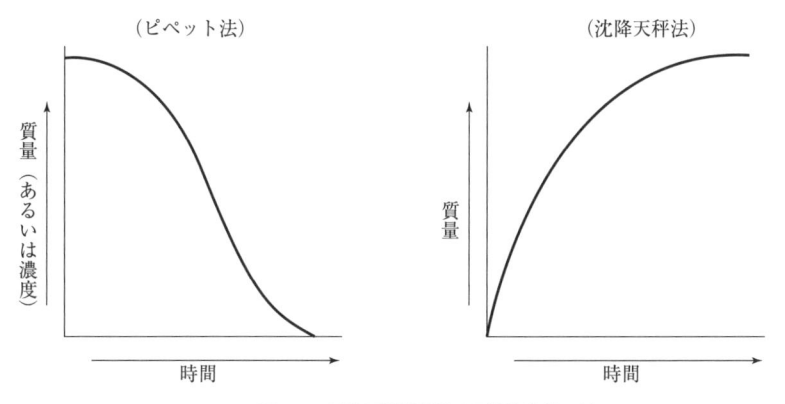

図5-7 実際の粉体試料での沈降曲線の例

V. 粉体物性

■実験7.
透過法による粉体の比表面積の測定

目的
　空気透過法により粉体の比表面積を測定し，得られたデータから平均粒子径を算出する方法を学ぶ．また，異なった測定法により得られた平均粒子径の値を比較し，その定義の違いに関して知識を深める．

測定器具及び試料
　乳糖80M（メッシュ），乳糖200M（メッシュ）
　恒圧通気式比表面積測定装置（SS-100，島津製作所）（図5-8），ストップウォッチ

実験方法および操作
　品番の異なる2種の乳糖を試料として用い，専用の試料セル内に粉体層を形成する．試料セルを比表面積測定装置にセットし，一定量の空気が粉体層を透過する時間を計測する．粉体層の空隙率，空気透過時間から粉体の比表面積を算出する．
＜試料セルへの充填＞
1. 円筒型の試料セルⒶに金属製の目皿を入れ，その上に円形に型抜きした濾紙をのせる．この上に既定重量分測りとった試料を入れ，さらに濾紙をのせる．
2. プランジャーⒽに厚さ調節リングⒾをセットし，これを静かに試料セルⒶに挿入し粉体層が一定の厚さになるまで充填器Ⓙにてプレスする（図5-8を参照）．
3. 充填器より試料セルⒶを取り出し，プランジャーⒽを静かに抜く．
＜透過実験＞
4. 試料セル下部の接面部に薄くグリスをぬり，本体のⒶ部にセットする．
5. Ⓖ部のコックを閉じ，Ⓑ部に水を入れ，Ⓒ部のコックを開き，Ⓓ部とⒺ部に水を満たす．
6. この際，Ⓓ部目盛りの標線 S まで入ったところでⒸ部のコックを閉じる．
7. Ⓖ部のコックを開けてⒻ部より水を排出し，Ⓓ部の目盛りがゼロから20目盛りまで水位が下がる時間（透過時間）を計測する．
8. 5～7の操作を繰り返し，3回以上の透過時間から平均値を求める．
　なお試料として乳糖を用いた場合，粉体の真密度（ρ）は1.53 g/cm^{3}とし，試料重量（W）を1.53 g，粉体層の厚さ，すなわち調節リングの厚さ（L）を1.0 cmとすると実験を行いやすい．

計算
9. Kozeny-Carman式（1）に測定データを代入し，比表面積（S_w，S_v）を算出しなさい．
10. すべての粒子が同一径の球であると仮定し，比表面積の値を用いて比表面積径 dsp を計算しなさい．

実験7 透過法による粉体の比表面積の測定

考察

11. 顕微鏡法から得た体面積平均径 D_3 と空気透過法から得た比表面積径 d_{sp} を比較し，測定結果に違いが生じる理由について考察せよ．

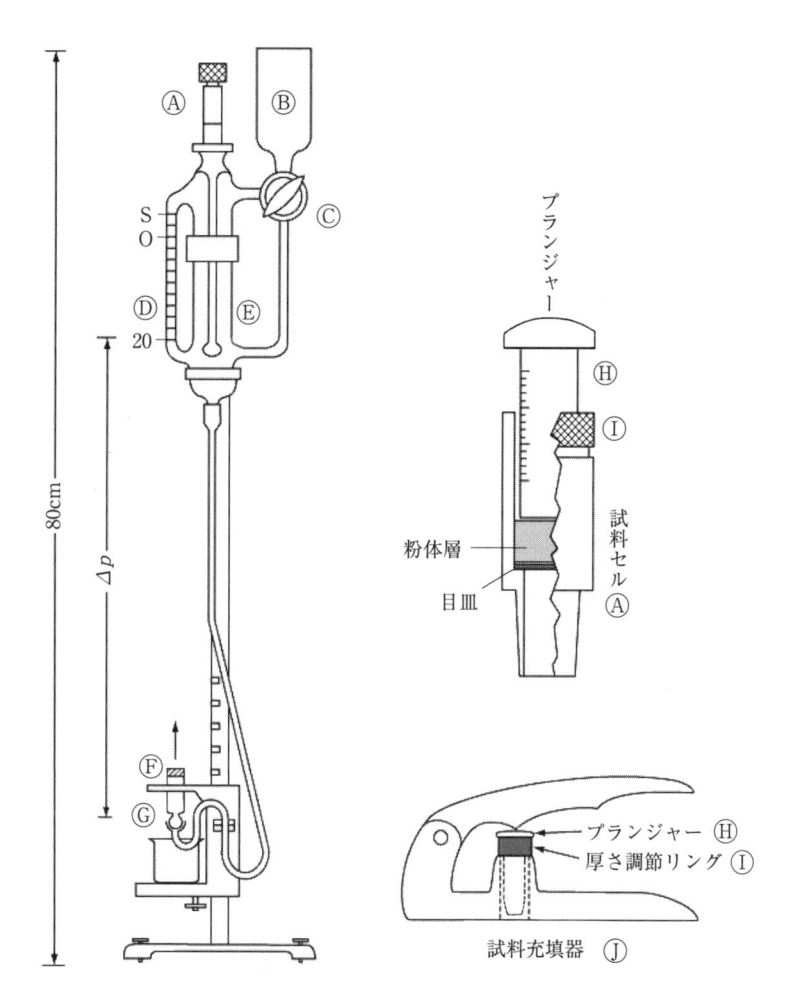

図5-8 恒圧通気式比表面積測定装置（島津）

解説

一定の充填構造を持つ粉体層に流体（通常は空気）を透過させると，流体に対する粉体層の抵抗が生じる．この抵抗値の大きさから粉体の比表面積を求めることができる．この関係を表した式が，(1) 式で示されたKozeny-Carman（コゼニー・カーマン）の式である．なお比表面積とは単位量あたりの粉体が持つ表面積のことであり，単位質量あたりの表面積（S_w）と単位体積あたりの表面積（S_v）の2つが定義される．

V．粉体物性

$$S_W = \frac{S_v}{\rho} = \left(\frac{14}{\rho}\right)\sqrt{\frac{(\Delta PAt)}{(\eta LQ)} \times \frac{\varepsilon^3}{(1-\varepsilon)^2}} \quad (1)$$

ここで，

- S_W ： 粉体の単位質量あたりの表面積（cm^2/g）
- S_v ： 粉体の単位体積あたりの表面積（cm^2/cm^3）
- ρ ： 粉体の真密度（g/cm^3）　　（乳糖の場合，1.53 g/cm^3）
- ΔP ： 粉体層の両端間圧力差（g/cm^2）
  - ： （本装置では水圧のことで，20 g/cm^{2}にて測定）
- A ： 粉体層の断面積（cm^2）　　（本装置の場合は2.0 cm^2）
- t ： 空気透過時間（sec）
- η ： 流体の粘度（g/cm・sec, mPa・sec）（空気の場合は1.81×10^{-4} g/cm・sec, mPa・sec）
- L ： 粉体層の厚さ（cm）　　（調節リングの厚さと等しく，1.0 cmで測定）
- Q ： t（sec）間に粉体層を通過した流体量（cm^3）（本装置の場合は20.0 cm^3）
- ε ： 粉体層の空隙率（－）
- 14 ： $14 = \sqrt{g/k}$　gは重力加速度（=980 cm/sec^2），kはコゼニー係数（=5.0）

なお粉体層の空隙率 ε は，(2) 式にて表わされる．

$$\varepsilon = \frac{V_a - V}{V_a} = 1 - \frac{\rho_a}{\rho} = 1 - \frac{W}{\rho AL} \quad (2)$$

- V_a ： 粉体層のみかけ体積（cm^3）
- V ： 粉体層の真体積（cm^3）
- ρ_a ： 粉体層のみかけ密度（g/cm^3）
- W ： 粉体層の質量（g）

　Kozeny-Carmanの式は，粉体充填層を一定の大きさの毛細管の集合体とみなし，毛細管を流れる流体の速度式であるPoiseille（ポアズイユ）の法則から導き出されたものである．この式によれば，比表面積（S_W）は気体が粉体層を透過する速度（Q/t）の平方根に反比例する．つまり比表面積が大きくなれば，透過速度は小さくなる．比表面積の大きな粉体とは，一般的には粒子径の小さな粉体であり，粒子径の小さな粉体では，気体の透過距離が長くなるため透過速度が遅くなることを示している．

　透過法では，流体の流れに関与しない表面は測定の対象とならない．たとえば，粒子が非常に小さな細孔に富むような場合の細孔内部表面積は無視されてしまう．透過気体が空気であるとき，その平均自由行路（常圧で約0.1 μm）から考えて，だいたい1 μm 以上の粒子からなる粉体ではないと，この式の適用はできない．

　以上の方法により求められた粉体の単位体積あたりの表面積（S_v）から，(3) 式により平均粒子径（比表面積径：d_{sp}）を求めることができる．

$$S_v = \frac{\text{全表面積}}{\text{全体積}} = \frac{\phi}{d_{sp}} \quad (3)$$

実験7 透過法による粉体の比表面積の測定

なお ϕ を比表面積形状係数といい，これは粒子の形により決まる定数であり，球や立方体の場合は6，不規則な形状の粒子では9～11くらいになる．

また Sv は全表面積/全体積 $= \phi \Sigma nd^2 / \Sigma nd^3 = \phi/D_3$ であるから，d_{sp} は D_3 （表5-1参照）と同じ定義の平均径ということになる．

＊＊＊ヒント＊＊＊
一辺の長さ d の立方体の形状係数を考えよう．

$$\frac{\text{全表面面積}}{\text{全体積}} = \frac{6d^2}{d^3} = \frac{6}{d}$$

ということで，$\phi = 6$ となる．

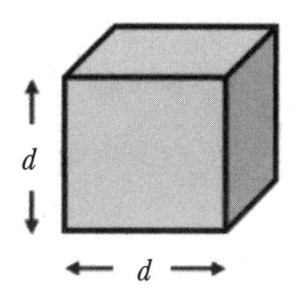

Ⅴ. 粉体物性

■実験8.
粉体層の空隙率，かさ比容積，かさ密度の測定

目的
　粉体のかさばりの程度（表現を変えれば充填度）は，粉体層のかさ比容積（みかけ比容積ともいう），かさ密度（みかけ密度ともいう），あるいは空隙率（くうげきりつ）で表現できる．異なる粒度分布を持つ粉体試料を用いて，これらの特性値を測定し，粉体の粒子径と充填性との関係を評価・考察する．

測定器具及び試料
　乳糖80M（メッシュ），乳糖200M（メッシュ）
　ふるい（24号及び60号），メスシリンダー50 mL，ふるい支え棒，スタンド，はけ，スパーテル，天秤，白紙

実験方法および操作
　粒度分布の異なる2種の乳糖を試料として，メスシリンダーに疎充填し，粉体層のかさ比容積，かさ密度，及び空隙率を測定する．
1. 実験台にA3の白紙を4〜6枚敷き，飛び散った粉体を回収し易いようにしておく．
2. スタンドにふるいの支え棒を取り付け，指定のふるい（24号あるいは60号）を設置する．乳糖80Mでは24号ふるいを，乳糖200Mでは60号ふるいを使用する．
3. 空のメスシリンダーの重量（W_1）を測る．
4. はけを用いて粉体をふるいに通しながらメスシリンダーの中へ疎充填する（30 mL以上になるように）．
5. みかけの体積（V）を読み取る（図5-9参照）．
6. メスシリンダーの外に付着した粉体を取り除き，粉体を充填したメスシリンダーの重量（W_2）を測る．
7. メスシリンダーの中の粉体重量（W）を求める（$W = W_2 - W_1$）．
8. 粉体層のかさ比容積，かさ密度，及び空隙率を以下の計算式にて求める．
9. 以上の操作を指示された回数繰り返す．

注意事項：
- 乳糖80Mと200Mをぜったいに混ぜないこと．
- 80Mのふるい・はけと，200Mのふるい・はけを共有して使用しないこと．
- ふるい，はけ，メスシリンダー等の器具は乳糖を払い落とし，水洗いすること．
- 測定終了後は実験台をきれいに水拭きすること．

粉体層の充填度（かさばりの程度）の計算
　粉体層の充填性に関する指標値は，以下に示した計算式にて算出する．

実験8 粉体層の空隙率，かさ比容積，かさ密度の測定

1. かさ（みかけ）比容積： $v = \dfrac{V}{W}$ （cm³/g）

2. かさ（みかけ）密度： $\rho = \dfrac{W}{V}$ （g/cm³）

3. 空隙率： $\varepsilon = \dfrac{V - V_t}{V} = 1 - \dfrac{V_t}{V} = 1 - \dfrac{\rho}{\rho_t}$ （－）

なお，
- W ： 粉体の質量 （$= W_2 - W_1$）
- V ： かさ（みかけ）体積
- ρ_t ： 真密度 （$= 1.53$ g/cm³，乳糖）
- V_t ： 真体積 （$= W/\rho_t$）

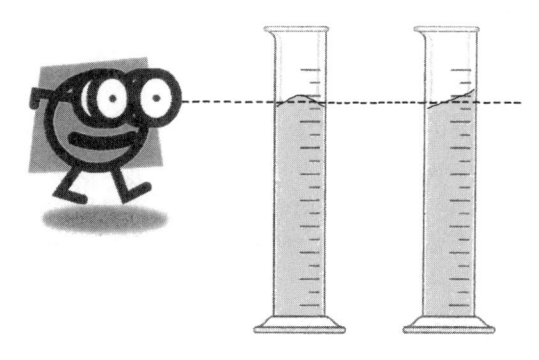

図5-9 メスシリンダーに充填した粉体層の体積の計測方法

解説

粉体のかさばりの程度を表現するには表5-2のような方法がある．いずれにせよ，粉体の質量 W，真密度 ρ_t，みかけ（かさ）体積 V の測定により求められる．

表5-2 粉体層のかさばり度（充填度）の表し方

指標	説明	数式による定義	単位
かさ比容積 みかけ比容積 apparent specific volume	粉体単位重量（1g）の占めるかさ体積	$v = \dfrac{V}{W}$	cm³/g
かさ密度 みかけ密度 bulk density, apparent density	粉体の単位かさ体積（1cm³）あたりの重量	$\rho = \dfrac{W}{V}$	g/cm³
空隙率，空間率 porosity, void fraction	粉体のかさ体積中，空隙の占める体積の割合	$\varepsilon = \dfrac{V - V_t}{V} = 1 - \dfrac{V_t}{V} = 1 - \dfrac{\rho}{\rho_t}$	―
充填率 packing fraction	粉体のかさ体積に対する粉体の実質の体積の割合	$\dfrac{V_t}{V} = \dfrac{\rho}{\rho_t} = 1 - \varepsilon$	―

V_t ： 粉体の真体積，ρ_t ： 粉体の真密度

V．粉体物性

　粉体の充填状態は大きく疎充填と密充填にわけられる．疎充填状態を作る方法としては，容器の内径よりやや小さい外径を持つ底のない内管に粉体を満たし，ゆるやかに内管を引き上げて外管内に粉体を充填する方法（二重管引上げ法），粉体を漏斗から落下させ，下の一定容積のカップに受けて質量を計る方法（JIS法），漏斗のかわりにふるいを通して落下させる方法（ふるい法），メスシリンダーに適当な方法で粉体を充填したのち容器を逆転させ，もとにもどして体積を読む方法（逆転法）などがある．一方疎充填状態に外力を加えて密充填とするには，容器をタッピングする方法，水平あるいは垂直に振動を加える方法，遠心力を加える方法，プランジャーで圧縮する方法などがある．

　データの再現性は，疎充填よりも後処理を行って得られる密充填時の値の方が良好である．しかし，粉体の付着性など粉体の示す個性をよく表現するのはむしろ疎充填状態での挙動である．また疎充填から密充填への移行過程，たとえば充填速度の大小も粉体の充填性に関する特性値として重要である．

　粉体の容器などある空間への詰め込み易さの程度を充填性という．医薬品粉体の場合，空カプセルへの充填性や錠剤製造時の臼への充填性などが重要となる．充填性の優れた粉体では空隙率が小さくなり易く，また充填操作を繰り返した際，空隙率のバラツキが小さい．

　上述のような粉体の充填性に影響をおよぼす因子には，粒子自体の性質に加え，容器，充填法，後処理の方法などがある．粒子の性質としては，粒子径の影響が実用的に重要である．一般に粒子径がある値以上では粉体のみかけ体積は粒子径の影響をほとんど受けないが，微粉体になると粒子径の減少とともにかさは大きくなる．また，同じ粒子径をもつ粉体間では，付着性の大きい状態のものほど，また球形から外れて扁平とか針状，塊状といった形状になるほどかさ高くなる．

実験8 粉体層の空隙率，かさ比容積，かさ密度の測定

Ⅴ．粉体物性

■実験9.
粉体の安息角の測定

目的
　粉体の流れやすさの性質を流動性と呼ぶ．粉体の流動性は，粒子径，粒子形状，粒子密度，粒子表面特性，粒子間付着・凝集性などに影響を受ける．流動性を表す指標として，安息角やオリフィスからの流出速度がある．異なる粒度分布や粒子形状を持つ試料を用いて安息角を測定し，粉体の粒子径・粒子形状と流動性との関係を評価・考察する．

測定器具及び試料
　乳糖80M（メッシュ），乳糖200M（メッシュ），スプレードライ乳糖
　ふるい（24号及び60号），シャーレ，漏斗，はけ，スパーテル，カセトメーター，スタンド，支持リング，三脚

実験方法および操作
　粒度分布及び粒子形状の異なる3種の乳糖を試料として，シャーレ上に粉体の堆積層を形成し，堆積層の直径と高さを計測して，安息角を求める．

1. 実験台にA3の白紙を4～6枚敷き，飛び散った粉体を回収し易いようにしておく．
2. シャーレ背面の外径（$=D$）をノギスを用いて計測する（小数点以下3ケタまで）．
3. 三脚の上にプラスチック板を置き，その上にシャーレを背部を上側にしてのせる．
4. スタンドに支持リングを取り付け，漏斗を設置する．堆積中は漏斗先端部が粉体層から3 cm以上離れないように高さを調節する．
5. カセトメーターを 1 m程度離してシャーレの正面に置き，レンズを上下・左右に動かしてシャーレを視野に入れる（倒立像となる）．
6. 粉体をはけを用いてふるいに通し，漏斗先端部から落下させながら，シャーレ上に堆積させる．この際，乳糖80Mとスプレードライ乳糖では24号ふるいを，乳糖200Mでは60 号ふるいを使用する．
7. 接眼レンズを前後させ焦点を合わせる．また接眼レンズを回転させ十字線を水平・垂直に設定する．
8. 粉体の積み上げが限界近くまできたら，静かに少しずつ堆積させる．なお粉体層の頂点と漏斗先端部が近いほど，再現性の高い測定値を得ることができる．
（この時，カセトメーターのダイヤルを回しながら，常にレンズ内の水平・垂直線の交点を堆積層の頂点に合わせておくと良い）．
9. 限界で粉体が崩れたら，崩れる直前のカセトメーターの高さ方向の目盛りを読む（H_1）（図5-10参照）．
10. 次にカセトメーターの水平線をシャーレ上面に合わせ（図5-10参照）カセトメーターの目盛りを読む（H_2）．
11. シャーレ上の堆積層の高さ（H）を求める（$H = H_1 - H_2$）．
12. 以上の操作を指示された回数繰り返す．

実験9 粉体の安息角の測定

注意事項：
・シャーレの周りに堆積した粉体は早めに取り除くこと．
・それぞれの乳糖をぜったいに混ぜないこと．
・ふるいとはけは乳糖のタイプごとに専用のものを使用し，共有して使用しないこと．
・ふるい，はけ，シャーレ等の器具は乳糖を払い落とし，水洗いすること．
・測定終了後は実験台をきれいに水拭きすること．

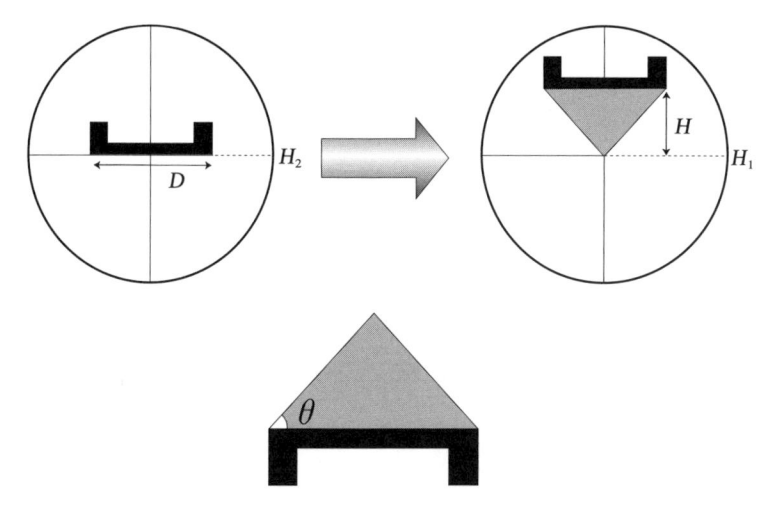

図5-10　カセトメーターによる粉体堆積層の高さの測定方法
（カセトメーターの読み取り方は，実験1を参照する）

計算
13. 下記に示した計算式を用いて，安息角を算出しなさい．

$$\tan\theta = \frac{H}{D/2} \quad (\theta = \tan^{-1}\frac{H}{D/2})$$

　　θ ： 安息角
　　D ： シャーレの直径（外径）
　　H ： 堆積層の高さ＝$H_1 - H_2$

考察
14. 各種乳糖の安息角を比較し，それぞれの粒子特性と流動性との関係を考察せよ．

解説
　粉体がさらさらしている程度を流動性といい，代表的な粉体の二次物性である．流動性の指標としては，安息角（angle of repose）がある．安息角は粉体を重力場で堆積していくとき，粉体層が形成する自由斜面が水平面となす角度である．粒子間の付着力が小さく，流動性に優れる粉体はこの値が小さくなる．同一物質でも，粒度や粒子形状によって流動性は異なってくる．一般的には，

Ⅴ．粉体物性

粒子径が大きく球形に近いほど流動性は良い．不規則形状の粒子からなる粉体の粒子径と安息角の関係は，図5-11のようになる．一般に，粒子径が約100 μm 以下になると，粒子同士の付着性が大きくなり，安息角は急に大きくなる．

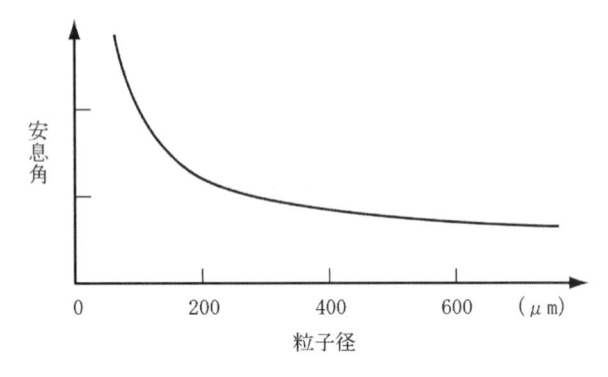

図5-11　粒子径と安息角の関係

安息角の測定法としては以下のような方法がある（図5-12）．

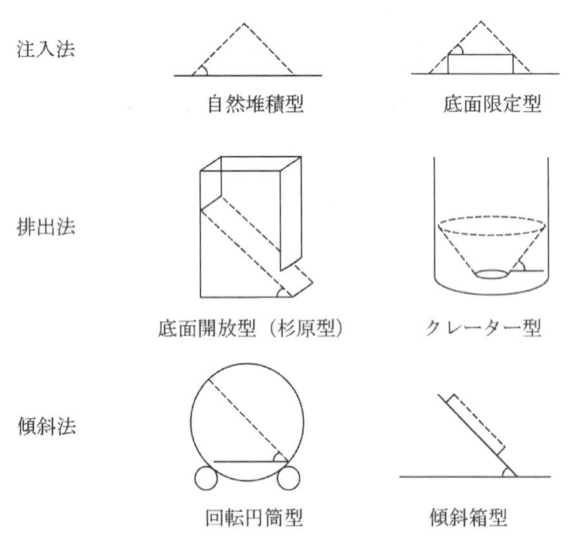

図5-12　いろいろな安息角測定法

a. 注入法：水平面上へ上部から粉を注入し，できた斜面の角度を測定．
b. 排出法：あらかじめ容器内に粉を充填しておき，適当な方法でその一部を排出させて残った粉の傾斜面の角度を測定．
c. 傾斜法：粉を充填した容器を傾斜させて行き，粒子のすべりはじめるときの傾斜角を測定．

VI. 製錠と錠剤物性

意 義

　錠剤は，固形製剤のうちで最も生産量が多く，種類も多岐にわたり，例えば内服用錠剤，口腔用錠剤，非経口用錠剤，外用錠剤などがある．錠剤が繁用されるのは，服用量が計算しやすいこと，服用しやすいことおよび錠剤に機能を持たせることが可能であることが考えられる．したがって，錠剤は医薬品製剤には欠かせない剤形の一つである．この錠剤の製造方法には大きく湿式顆粒圧縮法，乾式顆粒圧縮法および直接粉末圧縮法に分けられる．これらの方法により製された錠剤は，品質が保証されなくてはならない．そのためには，錠剤の硬度，摩損度，質量偏差試験，崩壊試験および溶出試験が行われる．

　本実験では，錠剤を製造しその品質試験を取り上げる．

VI. 製錠と錠剤物性

■実験10.
錠剤の試作

目 的

　錠剤は，一般的には薬物および添加物をそれぞれ一定量含む一定の形状に圧縮して製する．すなわち，圧縮錠剤は，粉粒体を錠剤機により圧縮成形して製されるが，薬物単独では圧縮成型が困難であるので，これに賦形剤，結合剤，崩壊剤，滑沢剤等を加えて以下の工程に示す種々の方法により錠剤を製する．

原 理

錠剤の製造工程

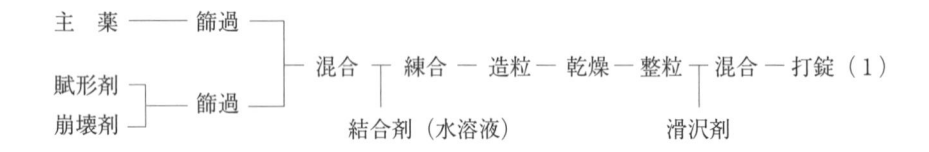

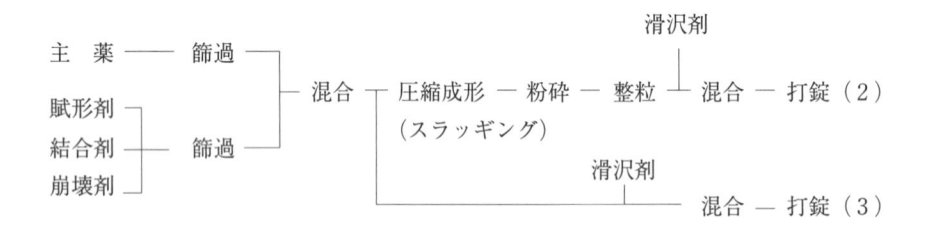

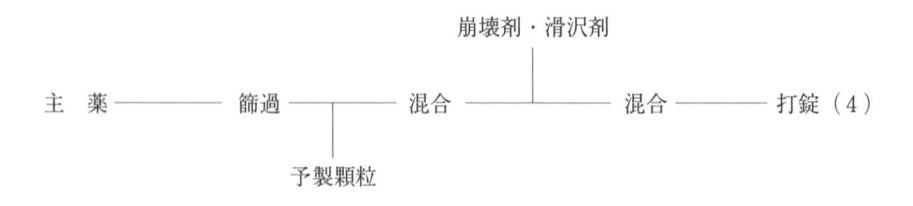

```
主  薬 ── 篩過 ┐
              ├─ 混合 ─ 練合 ─ 造粒 ─ 乾燥 ─ 整粒 ┬ 混合 ─ 打錠（1）
賦形剤 ┐        │                                  │
       ├ 篩過 ┘   結合剤（水溶液）              滑沢剤
崩壊剤 ┘
```

```
                                              滑沢剤
主  薬 ── 篩過 ┐                               │
              ├─ 混合 ─ 圧縮成形 ─ 粉砕 ─ 整粒 ┬ 混合 ─ 打錠（2）
賦形剤 ┐        │       （スラッギング）        │
結合剤 ┼ 篩過 ┘                                滑沢剤
崩壊剤 ┘                                        └ 混合 ─ 打錠（3）
```

```
                              崩壊剤・滑沢剤
                                    │
主  薬 ─── 篩過 ┬─ 混合 ─────────── 混合 ──── 打錠（4）
                │
              予製顆粒
```

（1）湿式顆粒圧縮法　　（2）乾式顆粒圧縮法
（3）直接粉末圧縮法　　（4）半乾式顆粒圧縮法

各圧縮法の特徴

　錠剤の製造には(1)～(4)の方法があり，それぞれ特徴がある．(1)の湿式顆粒圧縮法は，錠剤を製造する際の最も一般的な方法である．この方法は造粒するときに結合剤溶液を添加したのち乾燥することから湿式法といわれる．(2)の乾式顆粒圧縮法は，結合剤溶液を添加して造粒する代わりに，主薬と賦形剤などを圧縮成形（スラッギング）し，これを粉砕して乾式の顆粒を製することに特徴がある．(3)の直接粉末圧縮法は，造粒工程がないので粉末結合剤を添加する必要がある．他の圧縮法と比較すると行程数は少ない．(4)の半乾式顆粒圧縮法は，前もって賦形剤と結合剤の顆粒を製し，この顆粒と主薬を混合し，製錠する方法である．(1)の方法を除く方法は，主薬が水や熱に不安定である場合に利用される．

主薬および添加剤

　　主　薬：アセトアミノフェン（局）用途：解熱鎮痛薬
　　賦形剤：乳糖およびでんぷんの混合物（混合比＝2：1）
　　結合剤：ポリビニルピロリドン（PVP），ヒドロキシプロピルメチルセルロース（HPMC），
　　　　　　ヒドロキシプロピルセルロース（HPC）
　　滑沢剤：タルクとステアリン酸マグネシウムの混合物（混合比＝1:1）

各工程の操作

(1) 篩過（ふるい分け）

　ふるいまたは流動力学的方法により各種粒子径範囲に分けることを篩過（ふるい分け）という．本実験では，主薬，賦形剤等の粒子径をある程度そろえて用いることを目的に原料を篩過する．ふるいは，JIS規格の「標準ふるい」を用いる．なお，第16改正日本薬局方においても同じ規格のふるいが定められている（表6-1を参照）．

VI. 製錠と錠剤物性

表6-1 ふるいの規格

ふるい番号	呼び寸法（μm）	公称目開き（mm）	目開きの許容差（mm）平均目開き	最大目開き	推奨線径	最大線径	最小線径
3.5	5600	5.60	±0.18	0.47	1.60	1.90	1.30
4	4750	4.75	±0.15	0.41	1.60	1.90	1.30
4.7	4000	4.00	±0.13	0.37	1.40	1.70	1.20
5.5	3350	3.35	±0.11	0.32	1.25	1.50	1.06
6.5	2800	2.80	±0.09	0.29	1.12	1.30	0.95
7.5	2360	2.36	±0.08	0.25	1.00	1.15	0.85
8.6	2000	2.00	±0.07	0.23	0.90	1.04	0.77
10	1700	1.70	±0.06	0.20	0.80	0.92	0.68
12	1400	1.40	±0.05	0.18	0.71	0.82	0.60
14	1180	1.18	±0.04	0.16	0.63	0.72	0.54
16	1000	1.00	±0.03	0.14	0.56	0.64	0.48
18	850	0.850	±0.029	0.127	0.500	0.580	0.430
22	710	0.710	±0.025	0.112	0.450	0.520	0.380
26	600	0.600	±0.021	0.101	0.400	0.460	0.340
30	500	0.500	±0.018	0.089	0.315	0.360	0.270
36	425	0.425	±0.016	0.081	0.280	0.320	0.240
42	355	0.355	±0.013	0.072	0.224	0.260	0.190
50	300	0.300	±0.012	0.065	0.200	0.230	0.170
60	250	0.250	±0.0099	0.058	0.160	0.190	0.130
70	212	0.212	±0.0087	0.052	0.140	0.170	0.120
83	180	0.180	±0.0076	0.047	0.125	0.150	0.106
100	150	0.150	±0.0066	0.043	0.100	0.115	0.085
119	125	0.125	±0.0058	0.038	0.090	0.104	0.077
140	106	0.106	±0.0052	0.035	0.071	0.082	0.060
166	90	0.090	±0.0046	0.032	0.063	0.072	0.054
200	75	0.075	±0.0041	0.029	0.050	0.058	0.043
235	63	0.063	±0.0037	0.026	0.045	0.052	0.038
282	53	0.053	±0.0034	0.024	0.036	0.041	0.031
330	45	0.045	±0.0031	0.022	0.032	0.037	0.027
391	38	0.038	±0.0029	0.020	0.030	0.035	0.024

実験10 錠剤の試作

(2) 混合

粉体と粉体を混ぜ合わせて均一化する単位操作である．混合機は種々あるが，ここではもっとも汎用されるV型混合機（図6-1）を用いて混合を行う．この混合と次の練合は，固形製剤の製剤工程でもっとも重要な単位操作である．錠剤の含量，崩壊時間および錠剤強度の変動は，この混合・練合の不適切に起因する場合が多い．下記処方にしたがって，薬物と賦形剤，崩壊剤をV型混合機に入れ，5分間混合する．

処方：アセトアミノフェン　　　　　　50 g
　　　乳　糖　　　　　　　　　　　300 g
　　　バレイショデンプン　　　　　　150 g

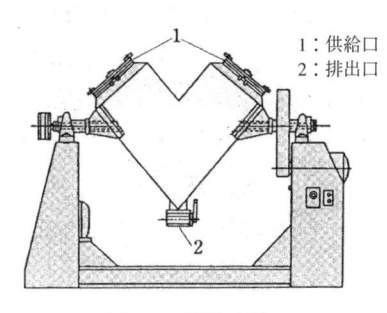

図6-1　V型混合機

図6-2　練合操作

(3) 練合

湿式造粒の前操作として必要とされる工程である．通常は薬物と賦形剤，崩壊剤などの添加物と混合した後，結合剤溶液を添加して練合する工程である．練合後に造粒を行う場合は，練り合わせる操作（図6-2参照）ではなく，むしろ混合に近い．この操作において注意すべき点は，結合剤を一度に多量添加しないことである．一度に多量の結合剤を添加すると練合むらが発生する．したがって，結合剤を少量ずつ添加しながら結合剤が全体に行き渡るように手早く練合を行う．

　　結合剤溶液：（1）5% PVP K-30水溶液
　　　　　　　　（2）5% PVP K-90水溶液
　　　　　　　　（3）5% HPMC水溶液
　　　　　　　　（4）5% HPC水溶液

以上の結合剤溶液を120 mLずつグループ毎に指定されたものを調製する．また，使用した溶液量を記録しておく．

VI. 製錠と錠剤物性

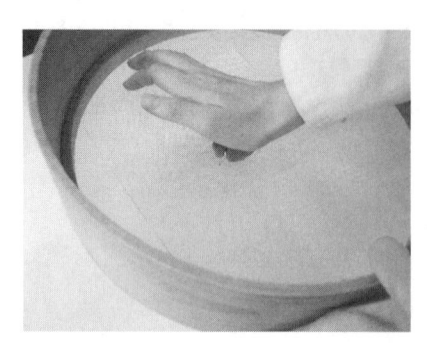

図6-3 押出し造粒操作

(4) 造粒

造粒操作は，粉末，塊状および溶液状の原料を用い，ほぼ均一な形と大きさの粒子を製することである．造粒方法には，大きく湿式造粒法，乾式造粒法，噴霧乾燥造粒法に分けられ，さらに湿式造粒法には，押出造粒法，撹拌造粒法，流動層造粒法などがある．本実験では湿式造粒法の一つである，押出造粒（図6-3参照）を行う．練合された原料をスクリーン（ふるい網）から押し出して成形する．本造粒法では，円柱状の緻密な造粒物が得られる．

(5) 乾燥

乾燥操作は，製剤原料や湿式造粒物を調製するときの中間工程であり，本実験では湿式造粒物を一晩風乾したのち，約60℃下で4時間程度乾燥を行う（図6-4参照）．

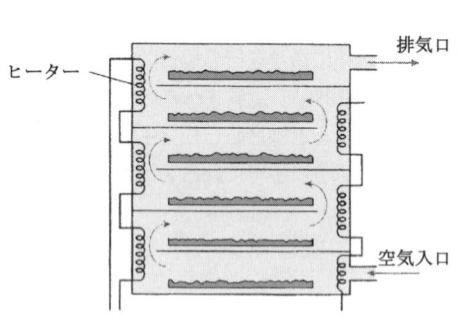

図6-4 棚式通風乾燥機　　　図6-5 整粒操作

実験10 錠剤の試作

(6) 整粒

　粉体の分級と同じ操作であるが，ここでの整粒は製した顆粒の粒子径をそろえる工程である．錠剤の打錠用顆粒は，品質管理（均一な質量）上や打錠障害（キャッピングなど）の防止のため，微粉末や粗大粒子を取り除く必要がある．操作は，300 μm，710 μm，1180 μmのふるいを重ね，乾燥させた顆粒を篩過する（図6-5参照）．篩過後710 μmふるい上の顆粒約10gを別に保管しておく（後の崩壊試験，溶出試験に用いる）．最終的に300 μmと710 μmふるい上の顆粒を混合し，質量を量る．

(7) 滑沢剤の混合

　打錠の際，顆粒の流動性を改善し，また杵面や臼壁面への粉体の付着を防止して圧縮工程を円滑に進行させるため，滑沢剤を添加する．ただし滑沢剤の過剰な添加はかえって流動性を悪くするため，通常0.1～2.0%添加する．本実験ではステアリン酸マグネシウムとタルクを1：1で使用し，これを顆粒の質量に対して1.0%添加する．プラスチックボトルに顆粒，滑沢剤を入れ，ボトルをV型混合機のように回転させて10分間混合する．

(8) 打錠

　打錠は，粉体を臼内に充填し，これに圧力を加えて成形して，錠剤を得るための単位操作である．錠剤の製造方法には上記したように4つの方法がある．打錠機の形式としては，少量生産や試作用に使用されるエキセントリック型（単発式打錠機）と大量生産用に使用されるロータリー型の2つがある．前者については図6-6に打錠の原理として簡略図を示し，後者は図6-7，6-8にその見取り図を示した．本実験では，ロータリー型打錠機を用い，打錠圧力が500 kgf，700 kgf，1000 kgfの3種変えて打錠し，100錠ずつ回収する．

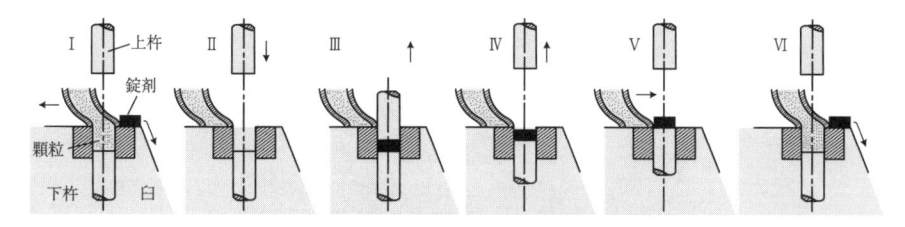

図6-6　単発打錠機による圧縮過程

VI. 製錠と錠剤物性

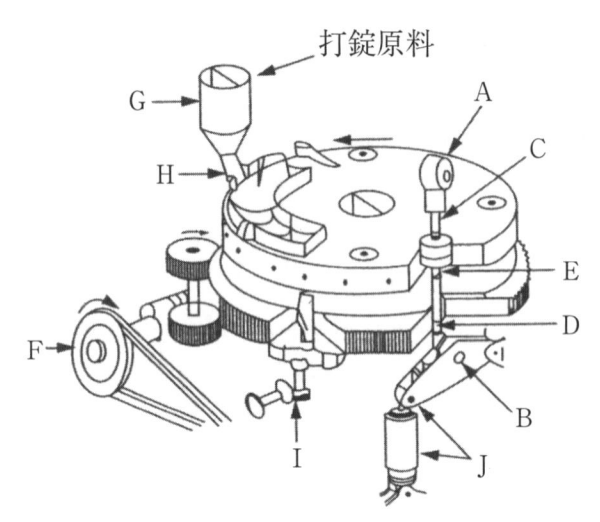

図6-7 ロータリー型打錠機の概略図

A：上杵圧縮ローラー，B：下杵圧縮ローラー
C：上杵，D：下杵，E：臼
F：モーターからの回転軸，G：ホッパー，H：フィードシュー
I：質量調節ギア，J：圧力調節ギア（硬度調節）

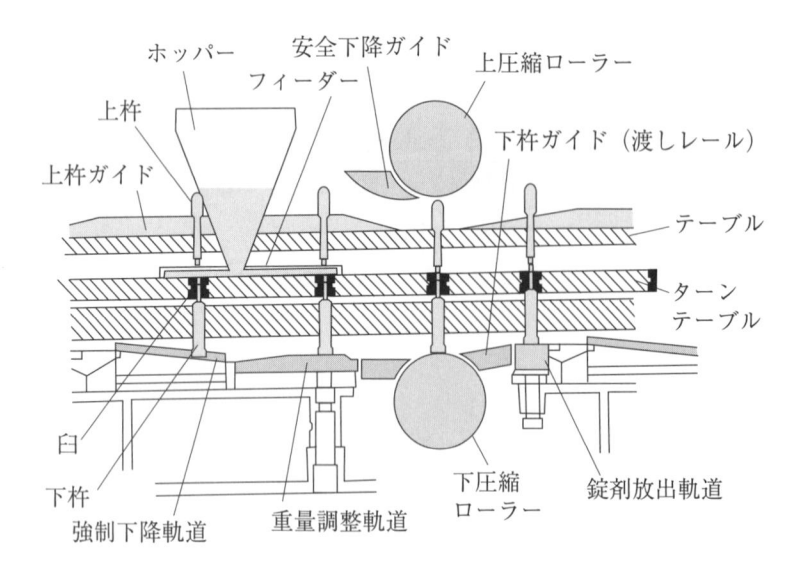

図6-8 ロータリー型打錠機の圧縮機構

図6-9　実際のロータリー打錠機

製剤均一性試験

製剤含量の均一性は，表6-2に示したように含量均一性試験または質量偏差試験のいずれかの方法で試験される．含量均一性試験は，製剤個々の有効成分の含量を測定し，それぞれの成分の含量が許容域内にあるか否かを確認する試験で，すべての製剤に適用される．

(1) 含量均一性試験

試料30個以上をとり，下記に示す方法に従って試験する．定量法と含量均一性試験とで異なる測定法を用いた場合には，補正係数となる場合もある．

ここでは固形製剤についての試験について述べる．試料10個について個々の製剤中の有効成分含量を適切な方法で測定し，表6-2を参照して次式で判定値（AV）を計算する．

$$AV = |M - \bar{X}| + ks \qquad (1)$$

記号は表6-2で定義される．

(2) 質量偏差試験

本試験は，有効成分濃度（有効成分質量を製剤質量で除したもの）が均一であるという仮定で行われる試験であり，各製剤中の薬物含量の均一性を製剤質量の均一性により検査する試験である．

本実験では，質量偏差試験を硬度あるいは打錠圧力を変えて製した錠剤10個を用いて，有効成分の平均含量を求める．この値を A とし，判定値の計算（1）式に従って判定値を計算する．ただし，式（1）中の $\bar{X}$ は A に，また，個々の試料の有効成分含量は次式に示した有効成分含量の推定値に置き換える．

Ⅵ．製錠と錠剤物性

$$x_1 = w_1 \times \frac{A}{W} \qquad (2)$$

$$s = \sqrt{\frac{\sum_{i=1}^{n}(x_i - \overline{X})^2}{n-1}} \qquad (3)$$

$$AV = |M - A| + ks \qquad (4)$$

$x_1, x_2, \text{------}, x_n$：試料1個に含まれる有効成分含量推定値
$w_1, w_2, w_3, \text{----}, w_n$：試験した個々の試料の質量
A：適当な方法で測定して求めた有効成分含量（表示量に対する％）
W：個々の質量（$w_1, w_2, \text{----}, w_n$）の平均値
M：基準値
s：標準偏差

錠剤の強度試験

　錠剤の摩損度試験と硬度試験は，公定書で定められた試験法ではないが，製品の品質管理に重要であるため，社内規格または製剤設計時に測定されることが多い．

(1) 摩損度試験

　錠剤の摩損度は，錠剤の摩擦に対する抵抗力を表す指標である．容器内での錠剤のカケやコーティング工程での破損をなくすため，摩損度は極力低くしなければならない．
　試料：打錠圧力を変えて製した錠剤．
　試験方法および摩損度の算出
　　　a）錠剤10個の総質量を量り，試験機（図6-10）に入れ，装置を作動させ100回転させ（25 rpm×4分間）試験機を止め，ふるいで篩過してふるい上に残留した錠剤の質量を量る．
　　　b）摩損度

$$\text{摩損度（％）} = \frac{\text{（最初の錠剤質量）} - \text{（一定時間後の錠剤質量）}}{\text{（最初の錠剤質量）}} \times 100 \qquad (5)$$

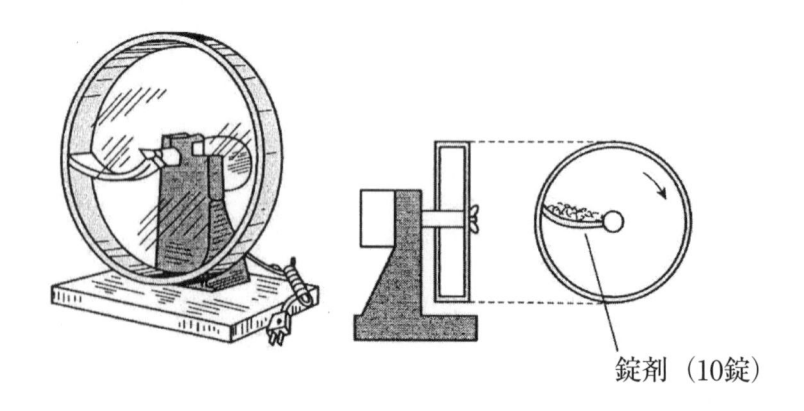

図6-10　摩損度試験器

実験10 錠剤の試作

(2) 硬度試験

　錠剤の硬度は，錠剤に直径方向から力を加えて破断するときの荷重で，錠剤の硬さを表す指標である．錠剤分包機から落下やPTP包装からの取り出し操作による破損をなくすため，硬度は極力高くしなければならない．

　試料：打錠圧力を変えて製した錠剤．
　試験方法：各打錠圧の錠剤10個を用い，下記硬度計にて測定する．
　(a) モンサント硬度計（図6-11）　　(b) ロードセル硬度計（図6-12）

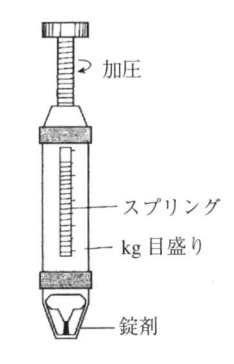

図6-11　モンサント硬度計　　　　図6-12　ロードセル硬度計

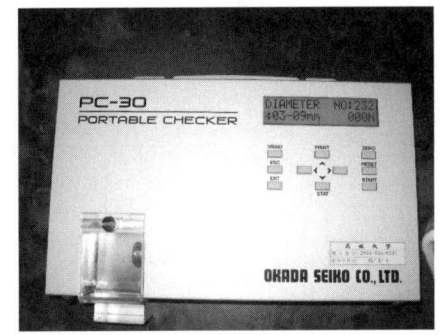

(3) まとめ
　(a) 打錠圧と質量偏差値の関係を4結合剤について調べ，グラフにして比較する．
　(b) 打錠圧と摩損度の関係を4結合剤について調べ，グラフにして比較する．
　(c) 打錠圧と硬度の関係を4結合剤について調べ，グラフにして比較する．

演 習 問 題

1. 湿式顆粒圧縮法，乾式顆粒圧縮法，直接顆粒圧縮法および半乾式顆粒圧縮法について，それぞれの工程ならびに特徴を説明せよ．
2. 湿式顆粒圧縮法における分級，混合，練合，造粒および乾燥工程について，それぞれの操作方法ならびに意義を説明せよ．
3. 押出造粒法，撹拌造粒法および流動層造粒法について，それぞれの特徴を説明せよ．
4. 賦形剤，崩壊剤および結合剤について，それぞれの役割を説明し，具体的な添加剤名を列挙せよ．
5. ロータリー打錠機による製剤工程で打錠圧が変動する理由を説明せよ．
　＊ヒント：ロータリー打錠機では臼に充てんされた顆粒を一定の厚みになるように圧縮成型している
6. 滑沢剤の種類および性質を説明し，滑沢剤を打錠直前に混合する理由を説明せよ．
7. 打錠障害とその回避方法を説明せよ．

Ⅵ. 製錠と錠剤物性

表6-2

変数	定義	条件	値
$\bar{X}$	表示量に対する%で表した個々の含量の平均 ($x_1, x_2, \cdots, x_n$)		
$x_1, x_2, \cdots, x_n$	試験した個々の試料に含まれる有効成分含量（表示量に対する%）		
n	試料数（試験した試料の全個数）		
k	判定係数	試料数 n が 10 のとき	2.4
		試料数 n が 30 のとき	2.0
s	標準偏差		$\sqrt{\dfrac{\sum_{i=1}^{n}(x_i - \bar{X})^2}{n-1}}$
RSD	相対標準偏差（平均値に対し，%で表した標準偏差）		$\dfrac{100s}{\bar{X}}$
M（ケース1） $T \leq 101.5$ の場合に適用	基準値	$98.5\% \leq \bar{X} \leq 101.5\%$	$M = \bar{X}$ $(AV = k_s)$
		$\bar{X} \leq 98.5\%$	$M = 98.5\%$ $(AV = 98.5 - \bar{X} + k_s)$
		$\bar{X} \leq 101.5\%$	$M = 101.5\%$ $(AV = \bar{X} - 101.5 + k_s)$
M（ケース2） $T \leq 101.5$ の場合に適用	基準値	$98.5\% \leq \bar{X} \leq T$	$M = \bar{X}$ $(AV = k_s)$
		$\bar{X} < 98.5\%$	$M = 98.5\%$ $(AV = 98.5 - \bar{X} + k_s)$
		$\bar{X} > T$	$M = T\%$ $(AV = \bar{X} - T + k_s)$
判定値 (AV)			一般式： $\lvert M - \bar{X} \rvert + k_s$ （種々の場合の計算は上に示した）
$L1$	判定値の最大許容限度値		$L1 = 15.0$ 他に規定する場合を除く．
$L2$	個々の含量の M からの最大許容偏差	個々の含量の下限値は $0.75\,M$，上限値は $1.25\,M$ （$L2 = 25.0$ とする）	$L2 = 25.0$ 他に規定する場合を除く．
T	目標含量．各条で別に規定する場合を除き，T は 100.0% とする．		

実験10 錠剤の試作

VI. 製錠と錠剤物性

■実験11.
内用固形製剤の試験液中での崩壊と製剤からの薬物の溶出 －崩壊試験法と溶出試験法－

目 的
　日本薬局方で規定された崩壊試験法と溶出試験法に関して学ぶ．加えて，実習にて製造した錠剤や顆粒剤の水性溶液中での崩壊挙動や薬物溶出挙動を測定し，消化管内における薬物の溶出性を予測し，考察する．

１）崩壊試験法
測定器具及び試料
　アセトアミノフェン顆粒剤（0.20 g×6包），アセトアミノフェン錠剤（500 kgf，700 kgf，1000 kgf の打錠圧にて製した三種類の錠剤を各6錠）
　崩壊試験装置，試験器（6連のガラス管，2個），試験容器（ビーカー，2個），補助盤（12個），補助筒（12個），温度計（大1個，小2個），ストップウォッチ，ガスバーナー，鍋，三脚，チャッカマン，スパーテル（各1個）

実験方法および操作
　日本薬局方の崩壊試験法に準じ，実験10で製した製剤の崩壊時間を測定する．
＜試験液の準備＞
1. 崩壊試験装置のヒーターを作動させ（設定温度は37.0℃），水浴を予備加温する．
2. 試験液として精製水を用い，これを予め鍋に入れ，ガスバーナーにて37℃付近の温度に加温しておく．
3. 試験液を試験容器（ビーカー）に入れる．液量は，試験器が最も下がった時，試験器天板面が水面に一致するまでとする．なおビーカーにはあらかじめ線で印をつけてある．
4. 試験液の温度が37±2℃になるまで待機する．

＜試料の準備＞
5. 錠剤の場合，ガラス管1つに1錠ずつ入れ，1回の試験で合計6錠を同時に試験する．本実験では補助盤は使用しない．なお，補助盤を入れる際の向きを図6-13と図6-14にて確認する．
6. 顆粒剤の場合，予め0.20 gずつ秤量し，別々の薬包紙に包む（6包分用意する）．それぞれを別々の補助筒に入れ，ふたと耐酸性の針金でできた取手を取り付け，試験器にセットする．

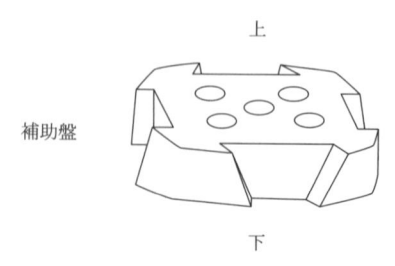

図6-13　補助盤の拡大図と設置時の向き

実験11 崩壊試験法と溶出試験法

<試験の開始>
7. 試料を入れた試験器を試験装置の吊り下げ部に取り付け，試験装置の「BASKETボタン」をオンにすると同時に試験器を試験液に浸して崩壊時間の測定を開始する．
8. 全ての試料がガラス管内（顆粒剤は補助筒内）に残留物を認めなくなるまでの時間を測定する．
9. すべて崩壊したら，試験器を取り出して洗浄し，水分を拭き取ったのち，次の崩壊試験をはじめる．なお試験液は著しく白濁し内部の崩壊の様子が見えなくならない限り，繰り返し使用してもよい．
10. 同一の試料で6個の製剤間の崩壊時間が大きくばらつく場合（崩壊時間が2倍以上違うなど），再度その試料についてのみ，試験を繰り返す．
11. 試験終了後，ビーカー，試験器，補助筒をきれいに洗浄し，ヒーターのスイッチを切る．

考察
12. 崩壊時間の測定結果を他の班と交換し，剤形・打錠圧・結合剤を変えることによる崩壊時間の差違を考察せよ．
13. 日本薬局方に収載されている崩壊試験法の条文をよく読み，理解するとともに，今回実施した試験が局方の規定とは異なるところを列記しなさい．

解説
崩壊試験法（第16改正日本薬局方解説書：B-585～594）
　崩壊試験法は，錠剤，カプセル剤，顆粒剤，丸剤が試験液中で，定められた条件で規定時間内に崩壊するかどうかを確認する試験法である．崩壊試験法は，製剤中の有効成分が完全に溶解するかどうかを確認することを目的とした試験法ではない．

VI. 製錠と錠剤物性

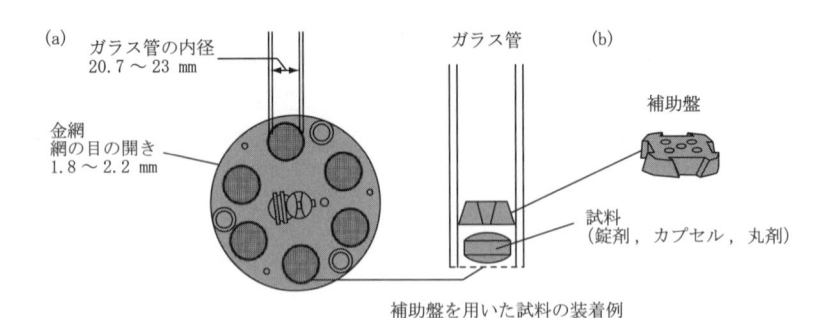

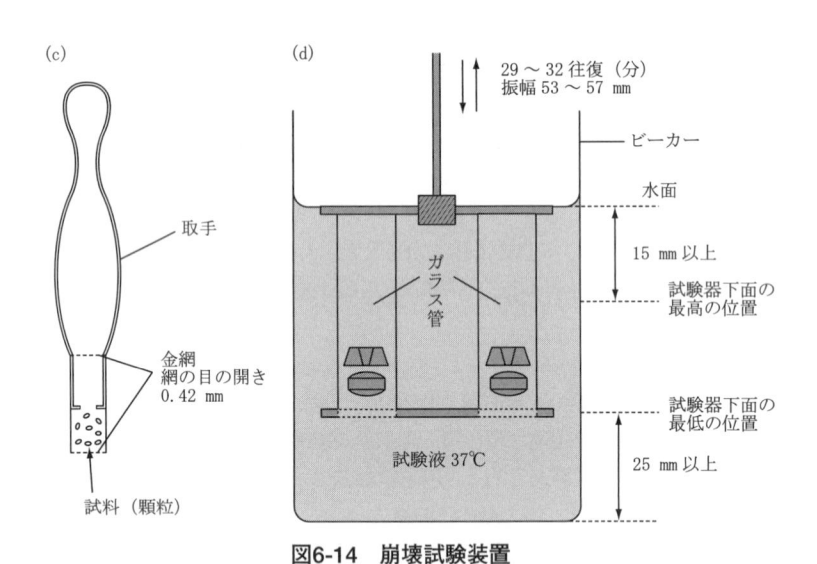

図6-14 崩壊試験装置
(a) 試験器，(b) 補助盤，(c) 補助筒，(d) 全体図

　図6-14に示すように，試験器は底部に網目の開き1.8～2.2 mm，線径0.57～0.66 mmの平らなステンレス網を取りつけた6個のガラス管からなる．これに試料を入れ，補助盤の使用が規定されている場合は，それぞれのガラス管内に製剤の上から1個の補助盤を入れ，1分間に29～32往復，振幅53～57 mmの条件下で，37±2℃の試験液中で上下運動させる．ビーカーに入れる試験液の量は，試験器が最も上がったとき，試験器の網面が液面から下へ少なくとも15 mm以上離れるようにし，試験器が下がったとき，網面はビーカーの底から25 mm以上で，試験器が完全に沈むことがあってはならない（図6-14）．

　即放性製剤に対しては水を試験液として用いる．腸溶性製剤には，pH 1.2の崩壊試験法第1液とpH 6.8の崩壊試験法第2液を用いてそれぞれ別々に試験する．第1液は胃液を想定したものであり，塩化ナトリウム，塩酸，水を用いて調製される．第2液は腸液を想定したものであり，リン酸二水素カリウム試液，水酸化ナトリウム試液および水を用いて調製される．

　各製剤の試験条件および規定された崩壊時間を表6-3に示す．即放性製剤の判定基準は，規定の時間後に観察するとき，試料の残留物をガラス管内にまったく認めないか，または認めても明らかに原形をとどめない軟質の物質であるとき，あるいは不溶性の剤皮またはカプセル皮膜の断片であるとき，試料は崩壊したものとする．すべての試料が崩壊した場合に適合とする．1個または2個

が崩壊しなかった場合は，さらに12個の試料について試験を行い，計18個の試料のうち16個以上の試料が崩壊した場合に適合とする．腸溶性製剤では，第1液では崩壊せず，新たな試料を用いて第2液で崩壊が認められるときに適合とする．

　医薬品各条のなかでとくに崩壊時間あるいは試験液が規定されているものは，ニトログリセリン錠（水，2分），硝酸イソソルビド錠（水，2分），ピペラジンリン酸塩錠（水，10分）の3品目である．

表6-3　崩壊試験の測定条件，試験時間と判定基準

分類	剤形	試験液	補助盤	補助筒	試験時間	分類 適合条件	分類 再試験の条件
即放性製剤	錠剤（素錠）	水	規定による	−	30分	すべて崩壊	残留物が1個又は2個
	カプセル剤			−	20分		
	適当なコーティング剤で剤皮を施した錠剤			−	60分		
	丸剤（生薬を含む丸剤を除く）			−	60分		
	舌下錠(ニトリグリセリン錠,硝酸イソソルビド錠)		用いない	−	2分		
	ピペラジンリン酸塩錠		−	−	10分		
	剤皮を施していない顆粒剤		−	＋	30分		
	剤皮を施した顆粒剤		−	＋	60分		
腸溶性製剤	腸溶錠および腸溶性カプセル剤	第1液	規定による	−	120分	すべてが崩壊しない	崩壊品が1個又は2個
		第2液	規定による	−	60分	すべて崩壊	−
	腸溶性顆粒および腸溶性顆粒を充填したカプセル剤	第1液	−	＋	60分	網から落下15粒以内	−
		第2液	−	＋	30分	すべて崩壊	

【錠剤、カプセル剤における崩壊とは】
＊試料の残留物をガラス管内にまったく認めないか，
＊認めても明らかに原形をとどめない軟質の物質であるとき
＊あるいは不溶性の剤皮またはカプセル皮膜の断片であるとき

【顆粒剤における崩壊とは】
＊試料の残留物を補助筒内にまったく認めないか，
＊認めても明らかに原形をとどめない軟質の物質であるとき
＊あるいは剤皮の断片であるとき

VI. 製錠と錠剤物性

2）溶出試験法
測定器具及び試料

アセトアミノフェン顆粒剤（約0.2 g），アセトアミノフェン錠剤（1000 kgfの打錠圧にて製した錠剤，1錠）
溶出試験装置，試験容器（丸底ベッセル，3個），ふた（3個），パドル（2本），メスシリンダー1000 mL，ガラスフィルター（2個），10 mL シリンジ（3本），温度計，ストップウォッチ，試験管（20本及び予備数本），試験管立て，油性ペン，スパーテル

実験方法および操作

日本薬局方の溶出試験法に準じ，自分たちで製した製剤からの薬物（アセトアミノフェン）の溶出挙動を測定する．

＜試験液の準備＞
1. 溶出試験装置のヒーターを作動させ（設定温度は37.0℃），水浴を予備加温する．
2. 試験液として精製水を用い，これを予め鍋に入れ，ガスバーナーにて37℃付近の温度に加温しておく．
3. 試験装置の所定のところに試験容器（ベッセル）3個をセットし，それぞれに試験液900 mLを入れ，ふたをする．水浴槽中で試験液を予備加温する．
4. 試験液の温度が37±0.5℃の温度範囲になるまで待機する．

＜試料の準備＞

5. 錠剤の場合，1000 kgfにて打錠した錠剤を1錠秤量する．
6. 顆粒剤の場合，錠剤1錠分に相当する量（約0.2 g）を秤量する．

＜装置の準備＞

7. パドルを回転軸に決められた長さになるようセットし，試験液中に浸す．
8. 3つある全てのベッセルにガラスフィルターをセットし，上部の取り出し口にチューブを介して採取用のシリンジを取り付ける．
（両端のシリンジは溶出液の採取用，中央のシリンジは，溶出液採取後，試験液を補充するためのシリンジとして使用する．）

＜試験の開始＞

9. パドルの回転数が50 rpmになるよう調節し，いったん回転を止める．
10. 両端のベッセルのふたをずらして製剤を中心部に沈めた後，直ちに「ROTATIONボタン」をオンにし，パドルを回転させる．同時にストップウォッチをスタートさせる．
11. 溶出試験開始後，1，3，5，10，15，20，30，45，60分毎に両端のシリンジにて溶出液10 mLをガラスフィルターを通して採取し，試験管にとる．
12. 試験液の採取操作と並行して，中央のベッセルからシリンジにて精製水10 mLを採る（2回）．
13. 直ちにガラスフィルターを通して両端のベッセル内に補充し，試験液量を900 mLに保つようにする．

＜検量線の作成＞

14. 溶出試験の合間に，与えられたデータ（アセトアミノフェン濃度（mg/L）に対する吸光度値）を基に検量線を得ておく（$Y = aX$；Xをアセトアミノフェン濃度，Yを吸光度値とする）．

＜吸光度の測定＞

15. 溶出液を採取後，得られた溶出液について，吸光光度計を用いて波長 270 nm における吸光

度を測定する．測定は剤形ごとに低濃度のものから行う．

＜溶出率の算出と溶出曲線の作成＞
16. 検量線を用いて得られた吸光度から，以下の式を用いて溶出濃度を算出し，さらに溶出率を求める

$$溶出濃度\ (mg/L) = \frac{A}{a}$$

$$溶出率\ (\%) = \frac{\frac{A}{a} \times \frac{V}{1000}}{w \times \frac{50}{W} \times 1000} \times 100$$

A：各採取時間における吸光度
a：検量線の傾き（L/mg）
w：溶出試験に用いた錠剤あるいは顆粒剤の質量（g）
W：錠剤の製造における固形分の全仕込み量：（主薬＋賦形剤＋結合剤固形分）×1.01（g）
　　1.01は滑沢剤分の補正係数（ただし顆粒剤の場合，1）
50：アセトアミノフェンの仕込み量（g）
V：試験液量（＝900 mL）

17. 溶出率を採取時間に対してプロットし，錠剤と顆粒剤の溶出曲線を別々のグラフ用紙に作成する．

考察
18. 溶出試験結果を他の班と交換し，剤形・結合剤を変えることによる溶出挙動の差違を考察せよ．
19. 日本薬局方に収載されている溶出試験法の条文をよく読み，理解するとともに，今回実施した試験法とは異なる方法や装置について概説しなさい．

解説
　溶出試験法（第16改正日本薬局方解説書：B-594～616）
　溶出試験法は，経口製剤について溶出試験規格に適合しているかどうかを判定するために行うものである．また，本試験法で溶出挙動をあわせることで著しい生物学的非同等性を防ぐことも目的としている．
　日局16では装置1（回転バスケット法），装置2（パドル法）および装置3（フロースルーセル法）が規定されており，それぞれ図6-15に示すような溶出試験装置を用いる．回転バスケット法とパドル法では内容積1000 mLの容器に規定の試験液を規定された容量（多くの場合900 mL）入れた後に，37±0.5℃に保持しながら，バスケットまたはパドルを規定する回転数の±4％の範囲内で回転させて，規定の時間における溶出率を求める．パドル法では，試験中に浮上または容器の壁面に付着するような製剤に対してはシンカーを使用することができる．シンカーにはらせん状の針金で試料に取りつけるものや，図6-15に示すようなカゴ状のものがある．いずれも材質は化学的

VI. 製錠と錠剤物性

に不活性なものでなくてはならない．医薬品各条に規定する時間に，溶出液の液面と回転バスケットまたはパドルの撹拌翼の上端との中間で，容器壁から10 mm以上離れた位置から一定量の溶出液を採取する．

即放性製剤と徐放性製剤では，別に規定するもののほか，試料6個について試験を行い，個々の試料からの溶出率がすべて医薬品各条に規定する値のときは適合とする．規定する値から外れた試料が1個または2個のときは，新たに試料6個をとって試験を繰り返す．12個中，10個以上の試料の個々の溶出率が規定する値のとき適合とする．以上は「判定法2」で規定された判定基準である．15局からはQ値による「判定法1」が新たに収載されているが，日本薬局方（16局）の医薬品各条にはQ値が規定されている医薬品はまだない．

腸溶性製剤では，別に規定するもののほか，溶出試験第1液による試験と溶出試験第2液による試験をそれぞれ試料6個について行う．

フロースルーセル法は元来，腸溶性コーティングを施した製剤や徐放性製剤のための溶出試験法として考案された．装置は試験液の貯槽，ポンプ，フロースルーセル，恒温水槽からなる．フロースルーセルは透明で不活性な材質からできている．セルの上部にはフィルターがあり，未溶解の粒子の流出を防ぐ．下部の円錐の先端部は，チューブを保護するためのビーズで満たされている．試料をフロースルーセル内に入れ，ポンプにより37±0.5℃に加温した試験液をセルの下部へ流し込む．セルを通過した試験液をフラクションとして採取し，溶出した有効成分を測定する．局方の医薬品各条で本試験を使用しているものはないが，試験法の国際的な整合性から掲載されている．

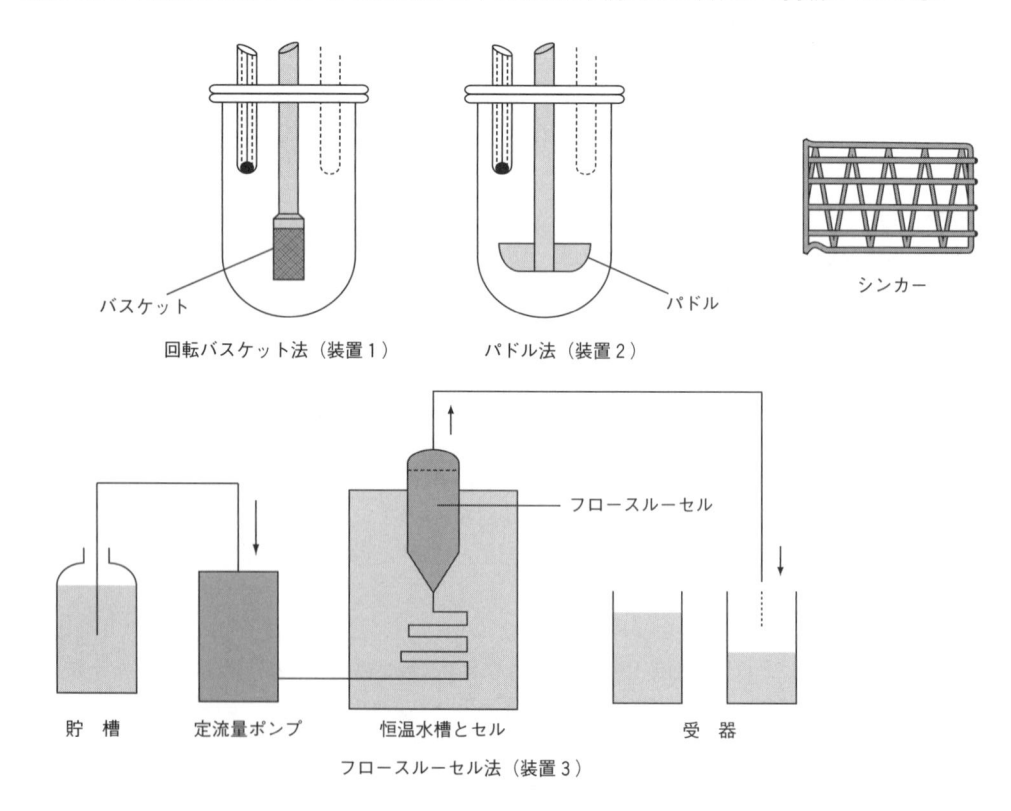

図6-15 溶出試験装置

VII. 薬物速度論

意 義

　ヒトに投与された医薬品の有効性と安全性は，薬物の薬理作用のみでなく，その薬物の体内動態が時間的（投与後の時間経過）・空間的（体内のどの部分に薬物があるか）にどのように推移するかに依存する．このような薬物の体内挙動を速度論的に解析する方法としてコンパートメントモデル解析法が挙げられる．

　コンパートメントモデル解析法とは，生体をいくつかのコンパートメント（領域）の組合せとみなして，薬物動態を解析する方法である．1－コンパートメントモデルでは，血液と全ての臓器を1つの領域（コンパートメント）として捉える（図7-1）．一方，2－コンパートメントモデルでは，生体を薬物の分布の仕方の異なる2つの領域（血液を含む体循環コンパートメントとそれ以外の末梢コンパーメント）に分けて考える．薬物は投与部位から吸収され，代謝や排泄によって体内から消失する．コンパートメントモデルでは，これらの過程をコンパートメントからの薬物の出入りの過程として捉え，その出入りの速度を表す定数を速度定数と呼ぶ．単位は時間の逆数（例：min^{-1}）となる．薬物の吸収過程を表すものを吸収速度定数，また体内からの消失過程を表すものを消失速度定数と呼ぶ．これらの薬物速度論的パラメータは薬物の至適投与量，投与間隔，剤形などを決定する重要な情報となる．

　本章ではこのようなコンパートメントモデルに従う薬物の血中濃度および尿中排泄量の時間推移についてシミュレーション実験を基に学習するとともに，得られたデータから各種薬物速度論的パラメータを算出し，その意味を理解する．

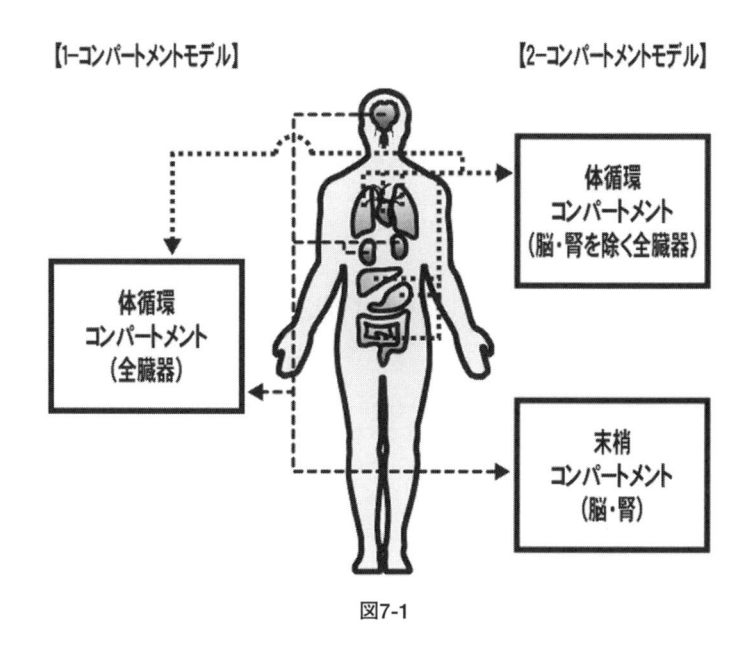

図7-1

VII. 薬物速度論

■実験12.
1-コンパートメントモデル（急速静脈内投与）

目的
1-コンパートメントモデル（急速静脈内投与）のシミュレーション実験を行い，血中薬物濃度と尿中薬物排泄量の経時変化を調べる．また得られたデータから，各種薬物速度論的パラメータを算出する．

理論
図7-2に急速静脈内投与時の1-コンパートメントモデルを示した．

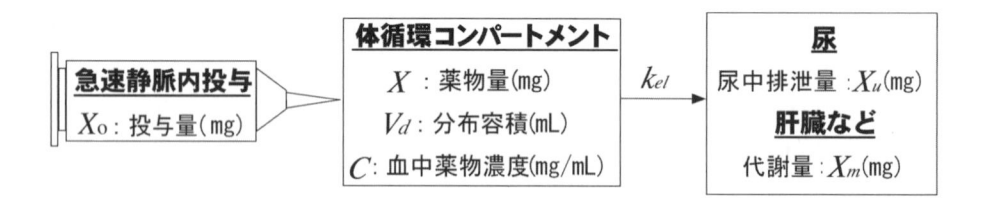

k_{el}：消失速度定数（min^{-1}）
V_d：分布容積（体内に存在する薬物量を血中薬物濃度で割った値）

図7-2

【急速静脈内投与後の血中薬物濃度を表す式】

急速静脈内投与では，投与量 X_o(mg) 全てが瞬時に血液全体に行き渡るとみなす．血中からの薬物消失速度は，体循環コンパートメント中の薬物量の変化速度（dX/dt）であり，線形モデルでは薬物量Xに比例する．その比例定数が消失速度定数k_{el}であり，

$$\frac{dX}{dt} = -k_{el} X \qquad (1)$$

が成り立つ．この式を時間 t に対して積分して整理すると，

$$X = X_0 e^{-k_{el} t} \qquad (2)$$

が得られ，さらに分布容積V_dで割ると，

$$C = C_0 e^{-k_{el} t} \qquad (3)$$

が得られる．式（3）を対数の形に変形すると，

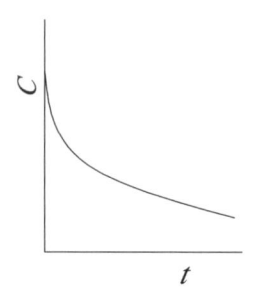

図7-3

実験12 1-コンパートメントモデル（急速静脈内投与）

$$\ln C = \ln C_0 - k_{el}t \qquad (4)$$

$$\log C = \log C_0 - \frac{k_{el}}{2.303}t \qquad (5)$$

となる．C_0は初濃度といわれ，投与直後の血中薬物濃度を表す．
式（3），（5）のグラフは図7-3，図7-4のようになる．
図7-4のグラフのy切片および傾きから，

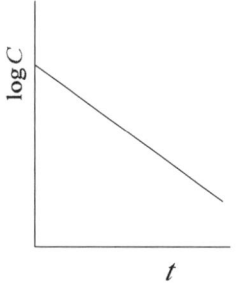

$$C_0 = 10^{(y切片)} \qquad (6)$$

$$k_{el} = (-2.303) \times (傾き) \qquad (7)$$

図7-4

を求めることができる．
　血中薬物濃度が半分まで消失するのに要する時間（生物学的半減期$t_{1/2}$）は，

$$\ln(1/2 C_0) = \ln C_0 - k_{el}t_{1/2} \qquad (8)$$

の式から

$$t_{1/2} = \frac{0.693}{k_{el}} \qquad (9)$$

と求めることができる．

【急速静脈内投与後の尿中排泄速度を表す式】

　薬物の尿中排泄速度定数をk_{ex}とすると，尿中排泄速度dX_u/dtは，

$$\frac{dX_u}{dt} = k_{ex}X \qquad (10)$$

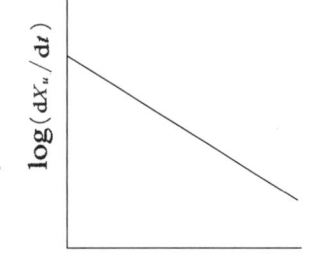

と表される．式（10）のXに式（2）を代入し，またその対数をとると，

$$\frac{dX_u}{dt} = k_{ex}X_0 e^{-k_{el}t} \qquad (11)$$

$$\log(\frac{dX_u}{dt}) = \log(k_{ex}X_0) - \frac{k_{el}}{2.303}t \qquad (12)$$

となる．式（12）より，尿中排泄速度の対数を時間に対してプロットして得られた
直線の傾きから，消失速度定数k_{el}（尿中排泄速度定数k_{ex}ではない）を求めること
ができる（図7-5）．

図7-5

【急速静脈内投与後の尿中排泄量を表す式】

　式（10）を時間tに対して積分すると，

$$X_u = \frac{k_{ex}}{k_{el}}X_0(1 - e^{-k_{el}t}) \qquad (13)$$

となる．累積総尿中排泄量Xu^∞は，$t = \infty$のとき$e^{-k_{el}t} = 0$となり

VII. 薬物速度論

$$X_u^\infty = \frac{k_{ex}}{k_{el}} X_0 \quad (14)$$

で表される．これを式（13）に代入すると

$$X_u = X_u^\infty (1 - e^{-k_{el}t}) \quad (15)$$

が得られる．式（15）は累積尿中排泄量の時間推移を表し，そのグラフは図7-6のようになる．X_u^∞ は図7-6の曲線が飽和に達したときの値であり，$X_u^\infty - X_u$ を計算すると，

$$X_u^\infty - X_u = X_u^\infty e^{-k_{el}t} \quad (16)$$

$$\log(X_u^\infty - X_u) = \log X_u^\infty - \frac{k_{el}}{2.303}t \quad (17)$$

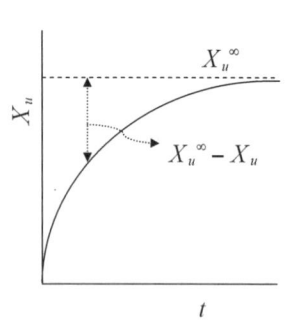

図7-6

が導かれる．従って，$\log(X_u^\infty - X_u)$ を時間に対してプロットしたグラフの傾きから消失速度定数k_{el}を求めることができる．このプロットをシグママイナスプロットと呼ぶ（図7-7）．

代謝を受けず尿中排泄のみで消失する薬物の場合，$X_u^\infty = X_0$ とみなせるので，

$$\log(X_u^\infty - X_u) = \log(X_0 - X_u) = \log X_0 - \frac{k_{el}}{2.303}t \quad (18)$$

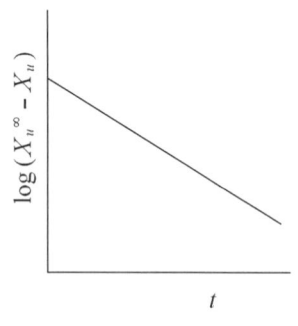

図7-7

の式を用いることができる．

操作

1．**実験器具の確認**
   - ベルベリン塩化物水和物（塩酸ベルベリン）水溶液：15 mL（塩酸ベルベリン80 mgを溶解）×1（溶け難いので70℃で加熱溶解する）
   - 枝付セル：A（200 mL）×1
   - 試験管：10本
   - ポンプ：1分間精製水を流し，メスシリンダーで流量が9.5〜10.5 mLであることを確認する．
     ＊実験中は設定を変えないこと．
   - メスシリンダー：50 mL×1と200 mL×1
   - ビーカー：50 mL×3，100 mL×2，500 mL×1
   - 撹拌装置：コントローラ，撹拌台×1，撹拌子×1
   - ピペット：ホールピペット（9 mL）×1，エッペンドルフピペッター（1 mL）×1
   - 安全ピペッター：1個
   - ストップウォッチ：1個

実験12 1-コンパートメントモデル（急速静脈内投与）

2．測定の準備
(1) 図7-8を参考に装置を組み立てる．
(2) ビーカー(500 mL)に精製水を満たす．
(3) ポンプのチューブの一端をビーカー(500 mL)の底まで入れ，スイッチを入れ，チューブ内を水で満たした後，スイッチを切り，チューブの他端を枝付セルAに装着する．
(4) 枝付セルAに塩酸ベルベリン溶液15 mLを入れ，撹拌しながら液面が枝の付け根の位置になるまで精製水を加える（実験中は撹拌速度を変えないこと）．
(5) ビーカー(50 mL)を枝の先端から流出する液を受けられる位置に置く．

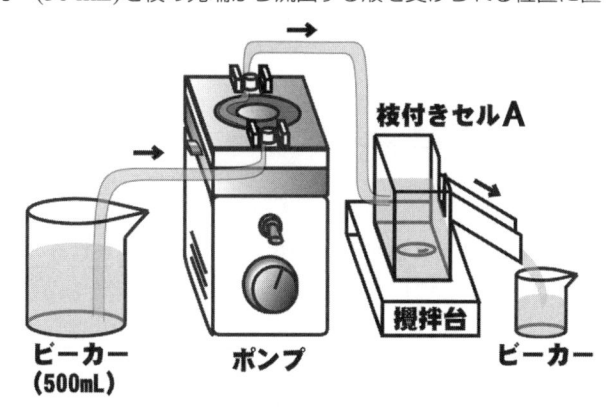

図7-8

3．測定
(1) ポンプのスイッチを入れる．
(2) 枝の先端から液が流出した時を 0 分とし，ストップウォッチを押す．
(3) 2，5，10，20，30 分経過後に，以下の操作をする．
- 枝付セルA内の液 1 mLを試験管にとる．
- 同時にビーカーを新しいものと交換する（2，5分経過時では 50 mL，10，20分経過時では 100 mL のビーカーに交換する）．
- 取り出したビーカー内の液量をメスシリンダーで測定し，その 1 mL を試験管にとる．
(4) 30分経過時点で測定を終了し，枝付セル A 内の溶液量をメスシリンダーで測定する（k_{el} の理論値を求めるのに使用，86ページ参照）．
(5) 試験管内の試料溶液 1 mL に精製水 9 mL を加え，420 nm の吸光度を求める．

【島津ボシュロム光電比色計の使用方法】

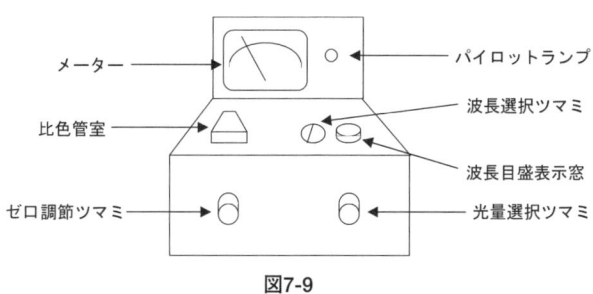

図7-9

VII. 薬物速度論

比色管の取り扱い

① 比色管を比色管室に入れるときは，入れる方向に注意すること．比色管の刻印位置と比色管室の印を正しく合わせること．
② 試料を続けて測定するときは，比色管内の前の試料を指定された容器に移し，少量の新しい試料で比色管内を洗ってから，測定用の新しい試料を取ること．
③ 比色管の約半分まで試料溶液を入れること．
④ 比色管を比色管室に入れるときは，キムワイプで表面を軽く拭いてから入れること．比色管にキズがつくと使用できなくなるので，取り扱いに注意すること．
⑤ 測定終了後は，比色管を精製水で洗浄し，さかさまにして指定された場所に立てること．

光電比色計の取り扱い方

① 使用開始5分以上前に電源を入れる．ゼロ調節ツマミを時計方向に回すと電源が入り，パイロットランプが点灯する．
② 波長選択ツマミで目的とする波長にセットする．
③ ゼロ調節ツマミでメーターの針を透過率0%（Absorbancy：∞）に合わせる．
④ 精製水を入れた比色管を比色管室に入れ，フタをする．光量選択ツマミを回して透過率100%（Absorbancy：0）に合わせる．
⑤ 一度，比色管を抜いて，③，④の操作を繰り返し，メーターのズレがないことを確かめる．
⑥ 同じ比色管を用いて，試料の透過率を測定する．
⑦ 換算表を用いて透過率から，吸光度を求める．
⑧ 終了時（最後の測定者），ゼロ調節ツマミを反時計周りに一杯に回し，電源を切り，コンセントを抜く．

解析〔計算および結果の整理〕

【血中薬物濃度】

採取時間 t (min)	透過率 T (%)	吸光度 D	濃度※ C (μg/mL)	左の対数 $\log C$
2				
5				
10				
20				
30				

※ $C = D \times 66.0 \times 10$

(1) 体循環コンパートメントの濃度 C と時間 t の関係図（図7-3）および $\log C$ と t の関係図（図7-4）を書く．
(2) 図7-4のy切片と傾きから C_0 と kel を求める（式(6)および(7)）．
(3) 投与量 X_0 と C_0 から分布容積 V_d を求める．
(4) $t_{1/2}$ を求める（式(9)）．

実験12 1-コンパートメントモデル(急速静脈内投与)

【シグママイナスプロット】

採取時間 t (min)	体積 V_u (mL)	透過率 $T(\%)$	吸光度 D	濃度 C (μg/mL)	排泄量※※ $\triangle X_u$(mg)	累積排泄量 X_u(mg/mL)	体内残存薬物量 X_0-X_u(mg)	左の対数
2								
5								
10								
20								
30								

※※ $\triangle X_u = C \times V_u / 1000$,単位が mg に変わっている点に注意

(1) 累積尿中排泄量 X_u と時間 t の関係(図7-6)を書く.
(2) 式(17)に従い,log($X_u^\infty - X_u$)と t の関係図(図7-7)を書く.
(3) 図7-7の傾きから k_{el} を求める.

【尿中排泄速度】

t の中間点 (min)	排泄速度 $\triangle X_u / \triangle t$ (mg/min)	左の対数
1		
3.5		
7.5		
15		
25		

(1) 尿中排泄速度の対数 log($\triangle X_u / \triangle t$)と時間 t の関係図(図7-5)を書く.
(2) 図7-5の傾きから k_{el} を求める(式(7)が使える).
(3) 図7-5の y 切片から k_{ex} を求める(式(12)より,$k_{ex} = 10^{(\text{y切片})} / X_0$).

VII. 薬物速度論

■実験13.
1-コンパートメントモデル（経口投与）

目的
1-コンパメートモデル（経口投与）のシミュレーション実験を行い，血中薬物濃度の経時変化を調べる．また得られたデータから，各種薬物速度論的パラメータを算出する．

理論
図7-10に経口投与時の1-コンパートメントモデルを示した．

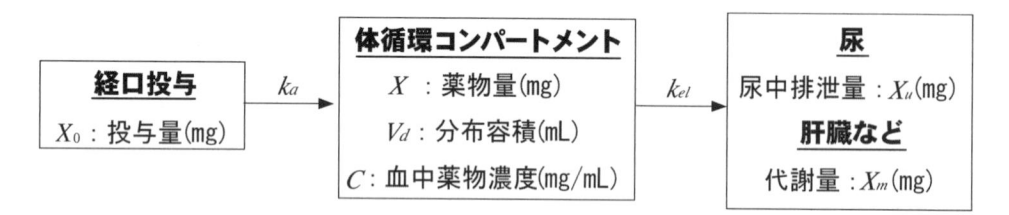

k_a：吸収速度定数（min^{-1}）
k_{el}：消失速度定数（min^{-1}）
V_d：分布容積（体内に存在する薬物量を血中薬物濃度で割った値）

図7-10

【経口投与後の血中薬物濃度を表す式】
経口投与では，消化管内の薬物が吸収速度定数 k_a のもと吸収されると考える．

投与部位および体循環コンパートメント中の薬物量の変化速度（dX_a/dtおよびdX/dt）は

$$\frac{dX_a}{dt} = -k_a X_a \tag{19}$$

$$\frac{dX}{dt} = k_a X_a - k_{el} X \tag{20}$$

と表せる．これらの連立微分方程式を解き，式を整理し，分布容積 V_d で割ると，

$$C = A(e^{-k_{el} t} - e^{-k_a t}) \tag{21}$$

が得られる．ここで，

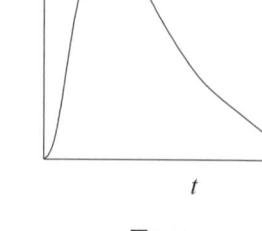

図7-11

実験13 1-コンパートメントモデル（経口投与）

$$A = \frac{k_a X_o}{(k_a - k_{el})V_d} \tag{22}$$

ただし，ここでは投与された薬物は全て全身循環系に吸収されると仮定している．式（21）のグラフは図7-11のようになる．

多くの薬物で，$k_a > k_{el}$ の関係があるので，長時間経過すると，

$$e^{-k_{el}t} \gg e^{-k_a t} \tag{23}$$

となる．従って，式（21）は，

$$C \approx Ae^{-k_{el}t} \quad (= C^* \text{とする}) \tag{24}$$

となる．対数をとると，

$$\log(C^*) = \log A - \frac{k_{el}}{2.303}t \tag{25}$$

が得られる．従って，$\log C^*$ を時間に対してプロットすると，一定時間経過後のグラフは直線となり，その傾きから k_{el} を，y切片から A を求めることができる（図7-12）．

また，式（21），（24）から，

$$C^* - C = Ae^{-k_a t} \tag{26}$$

$$\log(C^* - C) = \log A - \frac{k_a}{2.303}t \tag{27}$$

が導かれる．従って，$\log(C^* - C)$ を時間に対してプロットすると直線が得られ，その傾きから k_a を求めることができる（図7-12）．

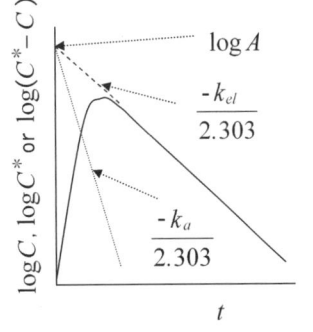

図7-12

VII. 薬物速度論

操作

1) 実験器具の確認
   - 塩酸ベルベリン溶液：15 mL（塩酸ベルベリン 80 mg を溶解）×1（溶け難いので70℃で加熱溶解する）
   - 枝付セル：A（200 mL）とB（20 mL）各1個
   - 試験管：9本
   - ポンプ：1分間精製水を流し，メスシリンダーで流量が 9.5～10.5 mL であることを確認する．
     ＊実験中は設定を変えないこと．
   - メスシリンダー：50 mL×1と200 mL×1
   - ビーカー：500 mL×1
   - ジャッキ
   - 撹拌装置：コントローラ，撹拌台×2，撹拌子×2
   - ピペット：ホールピペット（9 mL）×1，エッペンドルフピペッター（1 mL）×1
   - 廃液回収容器
   - 安全ピペッター：1個
   - ストップウォッチ：1個

2) 測定の準備
   - 図7-13を参考に装置を組み立てる．
   - ビーカー（500 mL）に精製水を満たす．
   - ポンプのチューブの一端をビーカー（500 mL）の底まで入れ，スイッチを入れ，チューブ内を水で満たした後，スイッチを切り，チューブの他端を枝付セル B に装着する．
   - 廃液回収容器を枝付セル A の枝の先端から流出する液を受けられる位置に置く．
     撹拌しながら枝付セル A に枝から流出するまで精製水を加える（実験中は撹拌速度を変えないこと）．
   - 枝付セル B に塩酸ベルベリン溶液 15 mL を入れ，撹拌しながら液面が枝の付け根の位置になるまで精製水を加える（実験中は撹拌速度を変えないこと）．

3) 測定
   - ポンプのスイッチを入れる．
   - 枝付セルBの枝の先端から液が流出した時を0分とし，ストップウォッチを押す．
   - 1，2，3，5，7，10，15，20，30分経過後に，枝付セルA内の液を 1 mL 試験管にとる．
   - 30分経過時点で測定を終了し，枝付セル B 内の溶液量をメスシリンダーで測定する（k_aの理論値を求めるのに使用，86ページ参照）．
   - 試験管内の試料溶液 1 mL に精製水 9 mL を加え，420 nm の吸光度を求める．

実験13 1-コンパートメントモデル（経口投与）

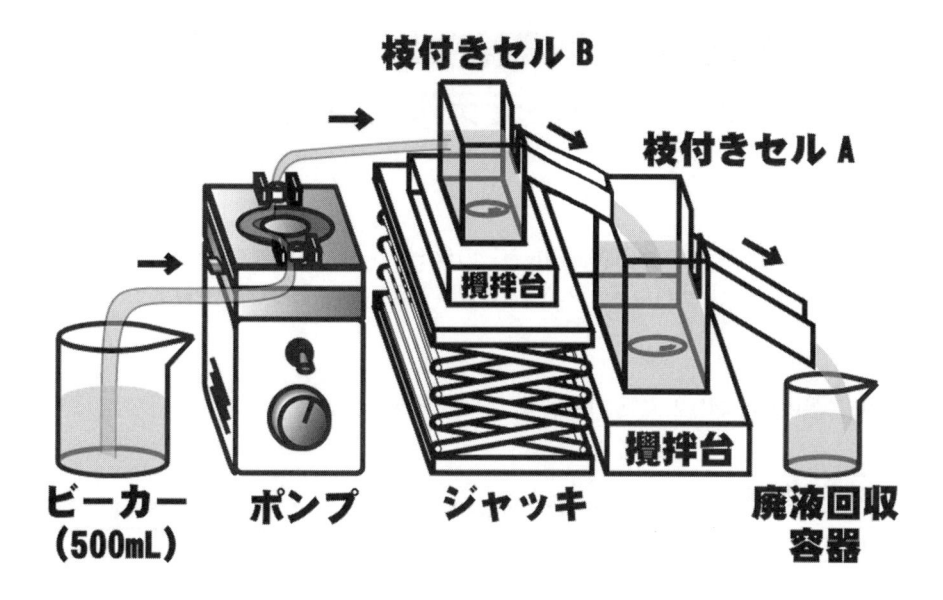

図7-13

解析〔計算および結果の整理〕

【血中薬物濃度】

採取時間 t(min)	透過率 T(%)	吸光度 D	濃度 C(μg/mL)	$\log C$	C^*	C^*-C	左の対数
1							
2							
3							
5							
7							
10							
15							
20							
30							

(1) 体循環コンパートメントの濃度 C と時間 t の関係図（図7-11）および $\log C$ と t の関係図（図7-12）を書く．
(2) $\log C - t$ 曲線の後半の傾きから kel を求める．
(3) 1, 2, 3, 5分後の C^*（式(24)）と C^*-C を計算する．
(4) $\log(C^*-C)$ と t の関係図（図7-12）を書く．
(5) その傾きから ka を求める．

VII. 薬物速度論

■実験14.
2-コンパートメントモデル（急速静脈内投与）

目的
2-コンパートメントモデル（急速静脈内投与）のシミュレーション実験を行い，血中薬物濃度の経時変化を調べる．また得られたデータから，各種薬物速度論的パラメータを算出する．

理論
図7-14に静脈内投与時の2-コンパートメントモデルを示した．

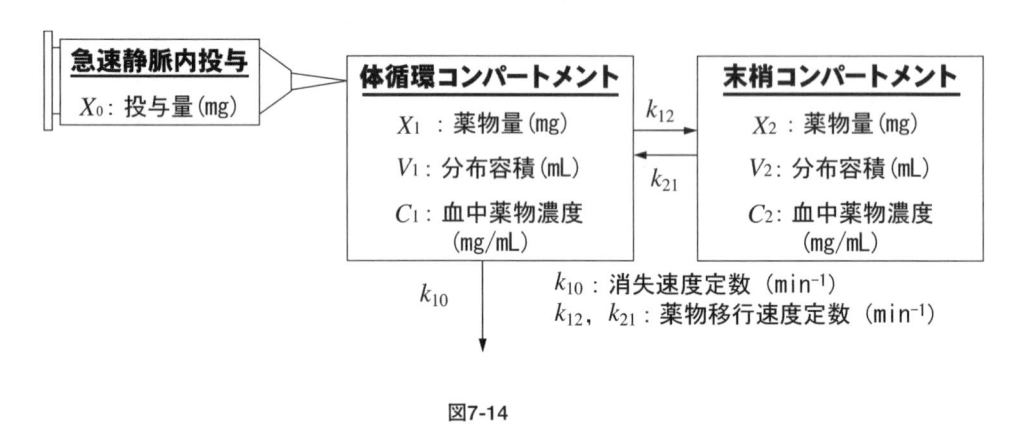

急速静脈内投与
X_0：投与量 (mg)

体循環コンパートメント
X_1：薬物量 (mg)
V_1：分布容積 (mL)
C_1：血中薬物濃度 (mg/mL)

末梢コンパートメント
X_2：薬物量 (mg)
V_2：分布容積 (mL)
C_2：血中薬物濃度 (mg/mL)

k_{12}, k_{21}
k_{10}

k_{10}：消失速度定数 (min^{-1})
k_{12}, k_{21}：薬物移行速度定数 (min^{-1})

図7-14

体内挙動が2-コンパートメントモデルで記述できる薬物を急速静脈内投与した場合の血中薬物濃度 C_1 は式（28）で表される．

$$C_1 = Ae^{-\alpha t} + Be^{-\beta t} \tag{28}$$

ここで，

$$A = \frac{X_0(\alpha - k_{21})}{V_1(\alpha - \beta)} \tag{29}$$

$$B = \frac{X_0(k_{21} - \beta)}{V_1(\alpha - \beta)} \tag{30}$$

$$\alpha + \beta = k_{12} + k_{21} + k_{10} \tag{31}$$

$$\alpha\beta = k_{21}k_{10} \tag{32}$$

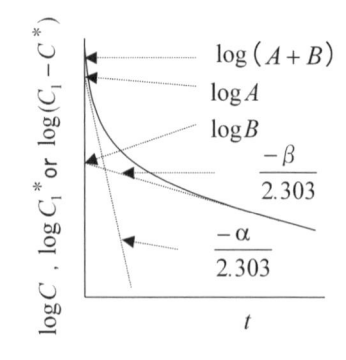

図7-15

実験14 2-コンパートメントモデル（急速静脈内投与）

の関係がある（$\alpha > \beta$と約束する）．図7-4と異なり，血中濃度の対数と時間のグラフは1本の直線にはならない（図7-15）．

長時間経過すると，式（28）は，

$$C_1 \approx Be^{-\beta t} \quad (= C_1^* とする) \tag{33}$$

となる．対数をとると，

$$\log(C_1^*) = \log B - \frac{\beta}{2.303}t \tag{34}$$

が得られる．従って，$\log C_1$を時間に対してプロットすると，一定時間経過後のグラフは直線となり，その傾きからβを，y切片からBを求めることができる．

また，式（28），（33）から，

$$C_1 - C_1^* = Ae^{-\alpha t} \tag{35}$$

$$\log(C_1 - C_1^*) = \log A - \frac{\alpha}{2.303}t \tag{36}$$

が得られる．従って，$\log(C_1 - C_1^*)$を時間に対してプロットすると直線が得られ，その傾きからαを，y切片からAを求めることができる．求めたA，B，α，βを用いて，各速度定数を以下の式で算出できる．

$$k_{21} = \frac{A\beta + B\alpha}{A + B} \tag{37}$$

$$k_{10} = \frac{\alpha \beta}{k_{21}} \tag{38}$$

$$k_{12} = \alpha + \beta - k_{21} - k_{10} \tag{39}$$

VII. 薬物速度論 ■ ■ ■

操作

1） 実験器具の確認
　　・塩酸ベルベリン溶液：15 mL（塩酸ベルベリン80 mgを溶解）× 1（溶け難いので70℃で加熱溶解する）
　　・枝付セル：A（200 mL）2個
　　・試験管：9本
　　・ポンプ：流速を最大にし，実験中は設定を変えないこと．
　　・メスシリンダー：50 mL × 1と200 mL × 1
　　・ビーカー：500 mL × 1
　　・ジャッキ
　　・撹拌装置：コントローラ，撹拌台 × 2，撹拌子 × 2
　　・ピペット：9 mL × 1，エッペンドルフピペッター（1 mL）× 1
　　・廃液回収容器
　　・安全ピペッター：1個
　　・ストップウォッチ：1個

2） 測定の準備
　　○図7-16を参考に装置を組み立てる．
　　○ビーカー（500 mL）に精製水を満たす．
　　○ポンプのチューブの一端をビーカー（500 mL）の底まで入れ，スイッチを入れ，細いチューブ内を水で満たした後，スイッチを切り，チューブの他端を枝付セル A1 に装着する．
　　○枝付セル A1 に塩酸ベルベリン溶液 15 mL を入れ，撹拌しながら液面が枝の付け根の位置になるまで精製水を加える（実験中は撹拌速度を変えないこと）．
　　○太いチューブを図7-16のように装着する．枝付セル A1 側は，塩酸ベルベリン溶液中にチューブを入れること．
　　○ポンプのスイッチを入れ，太いチューブ内に塩酸ベルベリン溶液が満たされた時点でポンプのスイッチを切る．

3） 測定
　　○撹拌しながら枝付セル A2 内を精製水で満たす．
　　○枝付セル A2 内の水が枝を通って枝付セル A1 に流れ，さらに枝付セルA1の水が枝の先端から流出した時を 0 分とし，ポンプのスイッチを入れ，ストップウォッチを押す．
　　○1, 3, 5, 7, 10, 15, 20, 25, 30分経過後に，枝付セルA1内の液を 1 mL 試験管にとる．
　　○30分経過時点で測定を終了し，枝付セル A1, A2 内の溶液量をメスシリンダーで測定する（k_{10}, k_{12}, k_{21}の理論値を求めるのに使用，86ページ参照）．
　　○試験管内の試料溶液 1 mL に精製水 9 mL を加え，420 nm の吸光度を求める．

実験14 2-コンパートメントモデル（急速静脈内投与）

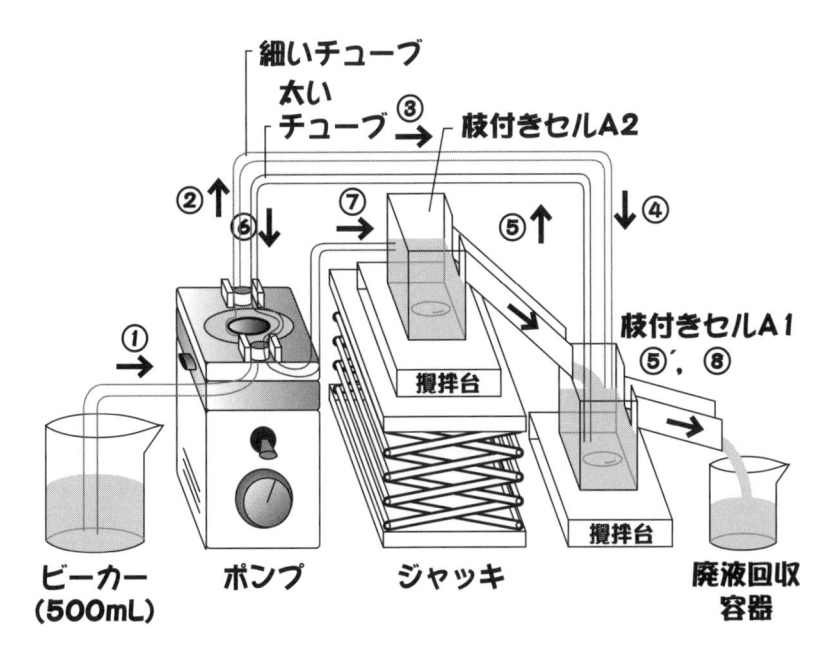

図7-16

解析〔計算及び結果の整理〕
【血中薬物濃度】

採取時間 t (min)	透過率 T(%)	吸光度 D	濃度 C_1 (μg/mL)	$\log C_1$	$C_1{}^*$	$C_1 - C_1{}^*$	左の対数
1							
3							
5							
7							
10							
15							
20							
25							
30							

(1) 体循環コンパートメントの濃度の対数 $\log C_1 - t$ の関係図（図7-15）を書く．
(2) $\log C_1 - t$ 曲線の後半の直線から β と B を求める．
(3) 1，3，5，7分後の $C_1{}^*$ （式(33)）と $C_1 - C_1{}^*$ を計算する．
(4) $\log(C_1 - C_1{}^*)$ と t の関係図（図7-15）を書く．
(5) その直線から α と A を求める．
(6) k_{10} を求める（式(38)）．

VII. 薬物速度論

解説：シミュレーション実験の理論的背景

コンパートメントモデルでは，薬物がコンパートメント間を移行し，体液の移行は考えない（図7-2，図7-10，図7-14参照）．一方，前述した一連のシミュレーション実験では，薬物を動かすために水を流している．ここでは1－コンパートメントモデル（急速静脈内投与）のシミュレーション実験をもとに，シミュレーション実験とコンパートメントモデルがどのように対応しているのかを考えてみよう．

図7-8に示す1－コンパートメントモデル（急速静脈内投与）のシミュレーション実験装置をモデルで表すと図7-17のようになる．

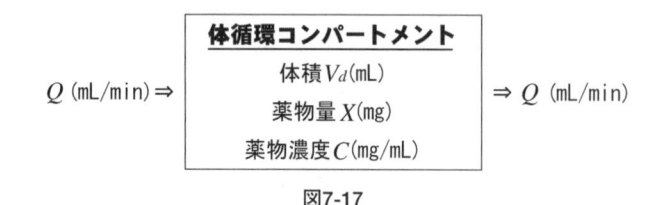

Q (mL/min) ⇒ | 体循環コンパートメント
体積 V_d (mL)
薬物量 X (mg)
薬物濃度 C (mg/mL) | ⇒ Q (mL/min)

図7-17

容積 V_d（mL）の容器中に濃度 C（mg/mL）の薬物溶液が満たされているとする．溶けている薬物量は $X = C \times V_d$（mg）である．容器中の溶液を十分撹拌しつつ，水を流速 Q（mL/min）で導入すると，同時に容器内の濃度 C の溶液が流速 Q（mL/min）で流出するから，短時間での容器中の薬物量の変化速度（dX/dt）の絶対値は Q と C の積と等しくなる．薬物量は減少するので，dX/dt は負の値となるため，次の式が成り立つ．

$$\frac{dX}{dt} = -QC = -Q\frac{X}{V_d} = -\frac{Q}{V_d}X = -k_{el}X \qquad (40)$$

式（40）は1－コンパートメントモデル（急速静脈内投与）の理論式そのものであり，消失速度定数 k_{el}（min^{-1}）は水の流速 Q と分布容積 V_d を用いて，

$$k_{el} = \frac{Q}{V_d} \qquad (41)$$

と表されることがわかる．式（41）を用いて，このシミュレーション実験での消失速度定数 k_{el}（min^{-1}）の理論値を求めることができる（理論値を計算して，シミュレーション実験で求めた消失速度定数と比較してみよう）．

同様に，1－コンパートメントモデル（経口投与）および2－コンパートメントモデル（急速静脈内投与）のシミュレーション実験で求めた速度定数の理論値は，以下の式で求めることができる．

$k_a = Q /$（枝付セルBの体積）
$k_{10} = Q$（細いチューブ）/（枝付セルA1の体積）
$k_{12} = Q$（太いチューブ）/（枝付セルA1の体積）
$k_{21} = Q$（太いチューブ）/（枝付セルA2の体積）

さて，これらのシミュレーション実験での水の流速 Q は，薬物速度論的には何を意味するのであろうか．この流速は血流速度とは関係なく，生理学的薬物速度論で用いる「クリアランス；CL

実験14 2-コンパートメントモデル(急速静脈内投与)

(mL/min)」に相当する.クリアランスとは,「単位時間当たりに処理される薬物が含まれている体液の体積」であり,これらのシミュレーション実験でいえば,「1分間当たりにセル内の溶液何 mL 中に含まれていた薬物が消失するか」を意味する.式(41)の Q をクリアランスと置き換えて考えると,(クリアランス)=(消失速度定数)×(分布容積)の関係があることがわかる.

VIII. 測定値の取り扱いと計算

測定と誤差

実験はある特定の条件を作り，その条件に応じて生ずる変化を測定・検討することである．この変化あるいは性質を数量で表現することを測定といい，実測された数値を測定値という．

測定によって得た値は，その測定の精度に応じた取り扱いをしなければならない．

1. 測定の信頼性

同じ実験を繰り返し行い，大きな幅が出るような値では，その実験結果に信頼性がなく価値もない．したがって測定値の正確さや精度の意味を知っておく必要がある．

1）測定値の正確さ

実験において測定値の正確さを検討するためには，真の値を確実にしておかなければならない．正確さとはこの真の値と実測結果との差とから判断する．

2）測定値の精度

測定実験を繰り返し行い，得られた測定値の分布は正規分布（ガウス分布）であり，実測回数が多くなるとその結果の精度は高くなる．精度とは測定の中の個々の値と平均値との比較である．

一般に実測回数を多くして，その測定結果にもとづく最確値を求める．これは真の値の近似値であり，この最確値と測定値との差が残差である．

測定値を正確さと精度とからみると，その分布の状態は次のようになる．

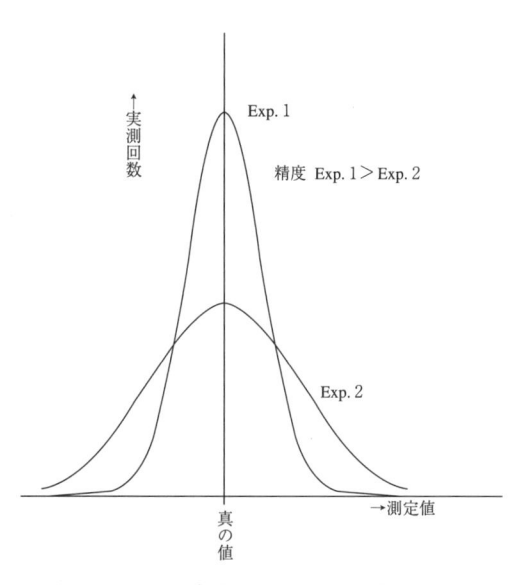

図8-1 測定値と実測回数との関係

VIII. 測定値の取り扱いと計算 ■ ■ ■

1 正確さも精度も良好な場合

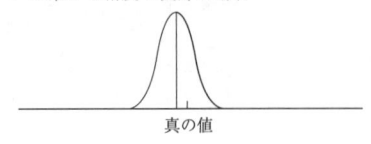

2 正確さは不良で精度が良好な場合

3 正確さは良好だが精度が不良な場合

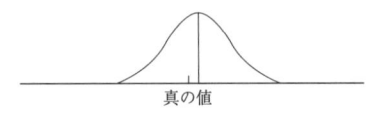

4 正確さも精度も不良な場合

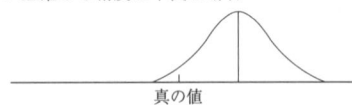

5 どちらも極端に悪く, 信頼性がない場合

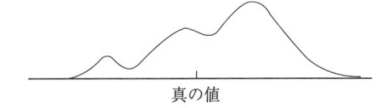

図 8-2 測定値の正確さと精度の分布状態

2. 誤差

真の値と測定して得た値との差を誤差と定義しこれを絶対誤差といい, 相対誤差と区別する.

　　絶対誤差 ＝ 測定値−真の値

　　相対誤差＊ ＝ $\dfrac{絶対誤差}{測定値}$ （×100%）

〔例〕測定値 85.88, 真の値 85.60 とすると, 相対誤差（誤差率）は

　　$\dfrac{0.28}{85.88}$ ＝ 0.00326 誤差百分率は 0.33 となる.

誤差は定誤差と乱雑誤差とに大別される.

1) 定誤差（系統的誤差）

ある定まった原因による誤差であって, 実測結果を常に増加させたり, あるいは常に減少させる. 次のような原因で生ずる.

　●測定器の不正, 不備—器差

＊ 誤差率ともよぶ. 100 を乗じた値が誤差百分率である.

VIII．測定値の取り扱いと計算

- 測定方法の不完全 — 方法誤差
- 測定者の未熟，不注意 — 操作誤差
- 測定者個人のくせ，感覚 — 個人誤差

この誤差は原因を知ることができるので，測定したときの条件をよく調べることによって，これを正したり測定値を補正したりして，定誤差を取り除くことができる．

2）乱雑誤差（統計的誤差）

測定者が測定条件を完全に一定にすることができずに生ずる誤差であり，偶然誤差とも不定誤差ともいう．これは定誤差をできるだけ除いても，複雑なあるいは不明の原因で生ずる誤差なので修正することはできない．

誤差論とは測定値からすべての定誤差を除去して乱雑誤差だけをもつ測定値とし，この値から統計的に真の値を推定することである．

測定器具で見積もられる乱雑誤差の例
0.1cm 目盛ものさし	± 0.02 cm
上皿天秤	± 0.5 g
ガラス体積計（メス・フラスコ）	
容量　　10 mL	± 0.04 mL
100 mL	± 0.12 mL
1000 mL	± 0.6 mL

有効数字の取り扱い

1．有効数字

測定値を数値で表したとき，ここまでは確かに正しいという数字のことを有効数字という．実測した値やその値によって計算をした結果を表現するとき，多くの数字を意味もなく並べてもそれがすべて意義のある数字にはならない．たとえば，ノギスでは 0.05 mmまでは正しい測定が可能である．

そこである長さを 12.3 mL と測定したとき，有効数字は 1, 2, 3 の3つであり，最後の 3 の数字は信用できる．この場合，有効数字の桁数は 3 桁である．

しかし，Aの溶液を 10 mL 目盛容器で 123 mL 測り，Bの溶液を 0.1 mL目盛容器で1.23 mL 測って両方を混合したとき，124.23 mL であるということはできない．123 mL にはすでに 1 の位で誤差があり，答は 124 である．そして有効数字は 3 桁である．

このように有効数字とは不確実な数字を 1 つ含めて数値を形成する意味のある数字である．したがって有効数字で不確実さを表現する場合，

　i　不確実なのは最後の位の数であること
　ii　不確実さの程度は表現されていないこと
の 2 点に注意しなければならない．

VIII. 測定値の取り扱いと計算

〔例〕上皿天秤で，ある物体の重さを測って 71.5 g という値を得た．上皿天秤で見積もられる誤差は 0.5 g であるから 71.5 ± 0.5 g とすればよいが，有効数字法では簡単に 71.5 と記す．したがって，この場合 5 の数値は不確かであり，この不確かの程度は記されていないことになる．

2．数値の持つ意味

　ⅰ　70.3 と 70.30 とは意味を異にする．前者では小数第 1 位が不確かであり，後者では第 2 位が不確かであることを示す．

　ⅱ　70.26，7.026，0.7026，0.07026 などはどれも4桁の有効数字を持っている．有効数字の後は小数点の位置，すなわち値の大きさとは無関係である．

　ⅲ　91700と書いてある場合，00 は有効数字であるかどうかはわからない．有効数字が3桁であることを明示したい場合には $9.17×10^4$，4 桁のときには $9.170×10^4$，5 桁のときは $9.1700×10^4$ のように書く．

　問題1．次の数字の有効数字は何桁か．
　　1．49.715
　　2．0.07026
　　3．$70.30×10^6$
　　4．91700

3．計算値の有効数字

　有効数字 n 桁の数値と有効数字 m 桁の数値をもって計算する際，この計算が積算または除算のときに得られる数値の有効数字は $n < m$ ならば n 桁，$n > m$ ならば m 桁となる．つまり有効数字 3 桁の数と有効数字 4 桁の数との計算では有効数字は 3 桁となる．

　問題 2．次の計算値の有効数字を示せ．
　1．$10.7×10.27$
　2．$11.24÷0.1125$
　3．$1.128+12.19×10^3$
　4．$50.126-0.25×10^2$

測定値の取り扱い

　実験には必ず誤差があり，実測値の最後の桁にはこの誤差が入ってくる．この誤差が測定法の最終結果に及ぼす影響を最少にするためには，測定回数を増すことであり，この結果出てきた測定値の取り扱いが重要である．

　測定値の代表値ならびに分布の状態を表わすには，次のような測度が用いられる．

1．算術平均

　実測値の精度を増すためには，同一条件の測定実験を多く行って多数の測定値の平均をとることになり，いくつかの測定値の和を測定値の個数で割れば求められる．すなわち，平均値は全測定値の中心が占める位置を表すわけである．

VIII. 測定値の取り扱いと計算

いま同一条件で n 回の測定を行って，それぞれ $a_1, a_2, a_3 \cdots\cdots a_n$ の実測値を得たとすると，平均値 $\bar{x}$ は

$$\bar{x} = \frac{a_1 + a_2 + a_3 \cdots\cdots + a_n}{n} = \frac{\sum_{i=1}^{n} a_i}{n} \tag{1}$$

となる．この平均値 $\bar{x}$ は測定値の個数が増すほど真の値に近づく．

2. 偏 差

平均値 $\bar{x}$ と各測定値との差を偏差と呼び，それぞれの偏差（$\alpha_1, \alpha_2, \alpha_3$）は必ず各測定値（$a_1, a_2, a_3$）から算術平均値 x を減じて求める．測定値が平均より大であるときの偏差は正であり，その逆のときは負となる．

$\alpha_1 = a_1 - x$
$\alpha_2 = a_2 - x$
$\alpha_3 = a_3 - x$
$\quad\vdots$
$\alpha_n = a_n - \bar{x}$

をとり，これらの値の和を求めると

$$\alpha_1 + \alpha_2 + \alpha_3 \cdots\cdots + \alpha_n = \sum_{i=1}^{n} \alpha_i = 0 \tag{2}$$

となり，各偏差の和はゼロになる．これは平均値が正しく計算されたかどうかの検算にもなる．

個々の偏差は絶対単位，または相対単位のいずれかで表わす．

〔例〕質量 7.32 mg の測定値で，平均値が 7.21 mg であると，その偏差は絶対単位では 0.11 mg であり，相対単位では $\frac{11}{721}$，または 1.5%で表わされる．

3. バラツキの測定

測定されたそれぞれの値には，バラツキあるいは広がりがあり，個々の値の平均値のほかにこのバラツキについての測度を必要とする．

1）範囲

それぞれの測定値の中の最大値と最小値との差を範囲 R という．

$$R = a_{max} - a_{min}$$

この R は測定値の中の両端 2 つの値のみを使用するので，測定値の個数が少ないときにはバラツキの測度になるが，多数の測定値では残りの値は無視されたことになり，バラツキの測度を表現する方法としては妥当ではない場合があるので注意を要する．

VIII. 測定値の取り扱いと計算

2) 分散

測定値と平均値との差の二乗の平均値を分散 σ^2 という．すなわち，偏差の二乗の平均値である．

$$\sigma^2 = \frac{(a_1-\bar{x})^2+(a_2-\bar{x})^2+(a_3-\bar{x})^2\cdots\cdots+(a_n-\bar{x})^2}{n} = \frac{\sum_{i=1}^{n}(a_i-\bar{x})^2}{n} \tag{3}$$

測定値が平均値 $\bar{x}$ より離れているものが多ければ多いほど，すなわち，分布の度が疎になればなるほど変動 V* も大きくなり，したがって分散 σ^2 も大となる．

3) 標準偏差

分散 σ^2 の平方根を標準偏差 σ という．すなわち，個々の測定値と平均値との差の二乗の平均値の平方根である．

$$\sigma = \sqrt{\frac{(a_1-\bar{x})^2+(a_2-\bar{x})^2+(a_3-\bar{x})^2\cdots\cdots+(a_n-\bar{x})^2}{n}} = \sqrt{\frac{\sum_{i=1}^{n}(a_i-\bar{x})^2}{n}} \tag{4}$$

平均値 $\bar{x}$ が測定値の代表値の一つであるのと同じ意味で，標準偏差 σ は偏差の代表値である．この標準偏差は測定値のバラツキの測度として最も有用であり，σ が大であれば個々の測定値のバラツキは大きいことになり，小であればバラツキは小さい．

さて，分散 σ^2 および標準偏差 σ を求める際に

$$\sigma'^2 = \frac{\sum_{i=1}^{n}(a_i-\bar{x})^2}{n-1} \tag{3'}$$

$$\sigma' = \sqrt{\frac{\sum_{i=1}^{n}(a_i-\bar{x})^2}{n-1}} \tag{4'}$$

によって求める場合がある．(3') 式で表せれる値を不偏分散と呼び，これが母分散の推定値となる．

母分散の推定値が不偏分散ならば，母標準偏差の測定値はその平方根の (4') 式で表せるように思えるが，不偏分散の分布曲線とその平方根の分布曲線は形が違うために，不偏分散の平方根は，母標準偏差より小さくなりがちであるから，(4') から母標準偏差の正しい推定値を求めることはできない．しかし測定値の個数が非常に少ないとき以外は，(4') 式より得た値でも，母標準偏差の推定値に近いので，この式は一般に標本**より母集団**の標準偏差の値を推定するのに用いられている．なお，$(n-1)$ を自由度と呼ぶ．

---

*　$V = (a_1-\bar{x})^2+(a_2-\bar{x})^2+(a_3-\bar{x})^2\cdots\cdots(a_n-\bar{x})^2 = \sum_{i=1}^{n}(a_i-\bar{x})^2$

**　共通の性格を持った集合の全体を母集団という．この集団の性質をできるだけ正確に代表させる目的で，抜きとられた母集団の一部を標本という．

VIII. 測定値の取り扱いと計算

4）相対標準偏差

相対標準偏差は変動係数Vcともいい，標準偏差の平均値に対する百分率である．

$$\mathrm{Vc} = \frac{\sigma}{\bar{x}} \times 100 \qquad (5)$$

この相対標準偏差は，測定した個々の値のバラツキを平均値に対して相対的に表わす値であり，異なった単位を有する測定値のバラツキの程度の比較や，実験の精度あるいは測定値の信頼性を直観的に知る尺度となる．

問題 3．次の測定値（mm）の分散，標準偏差，相対標準偏差値を求めよ．
11，13，18，17，16，10，9，14，10，14 mm

誤差を含んだ測定値による計算＊

1．誤差の知られた値に対して計算を行った場合の計算結果の誤差

n を誤差の起こり得ない数値として，M を平均値，ε を誤差とすると，$M_1 \pm \varepsilon_1$，$M_2 \pm \varepsilon_2$ についての取り扱いを行い，計算結果の誤差を求めることができる．

2．省略算

W の重さをもった物体を測定しその値が $W+w$ であると，w は絶対誤差である．測定が正確であれば，w は W にくらべて十分に小さいと考えられ w を微少量という．

つまり，微少量を含む数式において，その数式中のある項を省略する計算を省略算という．

実験結果の整理法

実験の結果は検討しやすいように，さらには実測条件以外の模様を推定できるように整理しなければならない．この整理法は種々の実験内容によって異なってくるが，普通は表示法，図示法，および数式法が用いられる．

1．表示法

実験結果を表で示す方法は，定性的表示と関数的表示の 2 つに大別される．前者は実験の結果が色や形の変化で与えられたときに用い，後者は 2 つの変数の間の関数関係を示すときに用いられる．表 1 は蒸留水の密度と温度との関係を表示したものである．

表示法の際，実測した独立変数を等間隔に示すことができないときには，その関数を図で示し，直線や曲線から内挿法により相当する値を求めることになる．

2．図示法

グラフによる図示法が最も多く，グラフには直行座標軸を等分した方眼紙，一方軸だけに応数目盛を付けた片対数方眼紙，両軸に付けた両対数方眼紙，そして正三角形グラフなどがある．

＊　計算値に及ぼす誤差の出し方および省略算については，次の参考書を参照されたい．
　　後藤廉平編，物理化学実験法，共立全書，共立出版．

VIII. 測定値の取り扱いと計算

表 1　蒸留水の密度（真空補正）†

空気中において水をはかり，真空に対する補正を行わないときは，表の数字よりもおよそ0.00106少ない値を得る．

温度〔℃〕	密度〔g/cm³〕	温度〔℃〕	密度〔g/cm³〕
-10	0.99815	33	0.99473
-1	0.99979	35	0.99406
0	0.99987	37	0.99336
3	0.99999	40	0.99224
4	1.00000	50	0.98807
5	0.99999	60	0.98324
10	0.99973	70	0.97781
15	0.99913	80	0.97183
20	0.99823	90	0.96534
23	0.99756	100	0.95838
25	0.99707	150	0.9173
30	0.99567	200	0.8628

† 化学便覧（物質状態に関する物理定数），丸善，より引用．

1) グラフ化の意義
   - 実測値の一般的傾向をみる
   - 実測条件以外の模様を推定できる
   - グラフから計算的に種々なる数値を求めることができる
2) グラフ化の手順と注意
   - グラフ用紙の選択に注意する
   - 独立変数は横軸にとる
   - 座標軸の目盛の単位を明確にして，図形はなるべく正方形に画く
   - 曲直線の傾斜水平軸に応して45°に近くなるように画く
   - 図形はなるべく直線として表現する（曲線の直線化を参照のこと）
   - 実測値のプロットは適当な大きさで明確に図示する
   - プロット間を結ぶ折れ線は通常用いない．曲直線はすべての実測点を通るとは限らないので，もっとも妥当と思われる滑らかな線を引く
   - 2本以上の曲直線を画くときには，それぞれの線が接近しないように考えて引く

以上は表示法と図示法のみであるが，実測値の変動あるいはその分布が重要なときには，統計的表示を用いることになる．

問題 4．表 1 の蒸留水の密度の値（真空補正）から空気中での密度を -10℃ から 30℃ の間で図示せよ．

VIII. 測定値の取り扱いと計算

3) 外挿と内挿

3つの実測点を図上に求め，図3に示す如く横軸（x）と縦軸（y）との間に直線が画かれたとする．このとき，直線を実測値外の範囲に延長して，縦軸との交点から y_0 を求めることを外挿法（補外）という．

次に実測値の範囲内で実測値以外の値，たとえば x 軸上の x_1 から y_1 を求めることを内挿法（補間，補内）という．

4) 直線の方程式

変数 x と y とが直線関係にあるとき，横軸に x，縦軸に y をとれば，この方程式は，

$$y = ax + b \tag{6}$$

で示される．a は直線の傾きであり，y 軸上の切片が b を与える．

さらに，2点 $R_1(x_1, y_1)$，$R_2(x_2, y_2)$ 間を通る直線の方程式は

$$y - y_1 = \frac{y_2 - y_1}{x_2 - x_1}(x - x_1) \tag{7}$$

となる．

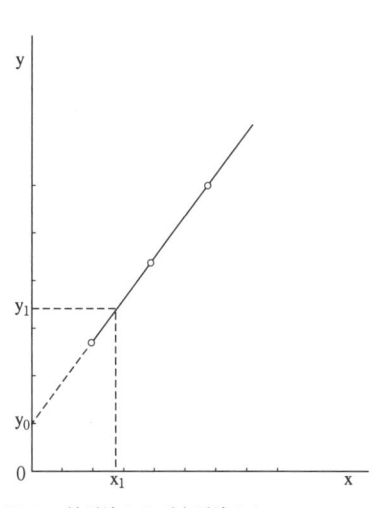

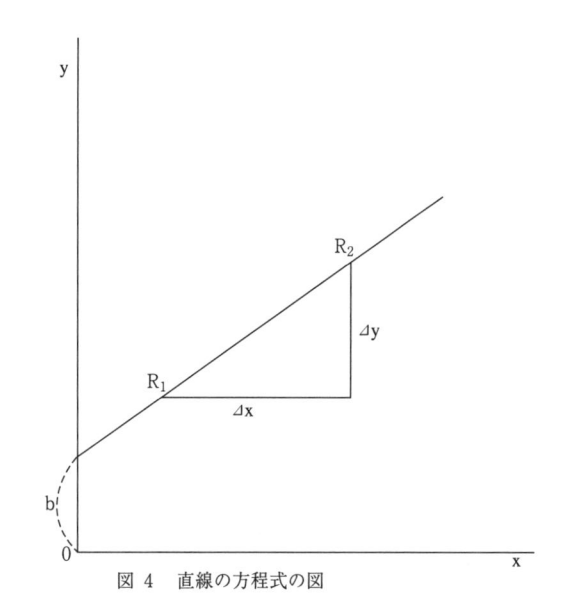

図 3　外挿法および内挿法から y_0, y_1 を求める．

図 4　直線の方程式の図

5) 曲線の直線化

実測点 R_1, R_2, R_3 …… R_n を xy 軸にとって，これが曲線となるようであれば，両対数方眼紙に $\log x$，$\log y$ をとって R_1, R_2, R_3 …… R_n を求める．これらの実測点間が直線，もしくは近似的な直線となれば，x と y とは

$$\log y = a \log x + \log b \tag{8}$$

の関係式を示し，

VIII. 測定値の取り扱いと計算

$$y = bx^a \tag{9}$$

となる．このほか次の3つの場合が直線化として示される．

〔例1〕 $xy = b$ の関係がある場合

$$y = b\left(\frac{1}{x}\right) : y \text{ と } \frac{1}{x} \text{ が直線関係である} \tag{10}$$

〔例2〕 $y = b10^{ax}$ の関係がある場合

$\log y = \log b + ax : \log y$ と x とが直線関係である (11)

$y = be^{ax}$ の関係がある場合

$\ln y = \ln b + ax : \ln y = 2.303 \log y$ であるから，この場合も $\log y$ と x とが
直線関係である (12)

〔例3〕 $y = \dfrac{acx}{1+ax}$ の関係がある場合

$$\frac{1}{y} = \frac{1}{acx} + \frac{1}{c} : \frac{1}{y} \text{ と } \frac{1}{x} \text{ が直線関係である} \tag{13}$$

3. 数式法

実験結果の関数関係を表あるいは図で表現して，この中に含まれている意味を検討することは可能であるが，これを実験式で表現すると，最も明解になりさらに理論的に考察する材料にもなる．

1) 最小二乗法の意義

同一条件における実験結果の信用できる値は，多数の測定を行ってその平均値を示すことである．しかし，いろいろな条件での実験を行ってその結果をまとめる際に，それらの測定値を簡単に平均しただけでよいということにはならない．最小二乗法はこのような測定値から実験式を求めるとき，最も適当な係数を出すために用いられる．

いま，ある量 y で条件 x でいろいろ変えて測定したとき，この際 y は x の増加に比例して増すものと仮定して，次の形の式が成立するものとする．

$$y = ax + b \quad (a, b \text{ は定数}) \tag{14}$$

この $a, b, 2$ つの定数を求めれば y と x の関係式を得ることができるので，2つの条件での試験結果があればよいのであるが，そうすればこの2つの条件での測定値以外は，みな棄ててしまってかえりみないことになる．それでは正確 a, b の値は得られない．いま，n 回条件を変えて測定したとする．それぞれ次のような式が得られる．

$y_1 = ax_1 + b$
$y_2 = ax_2 + b$

VIII. 測定値の取り扱いと計算

$$y_3 = ax_3 + b$$
$$\vdots \quad \vdots$$
$$y_n = ax_n + b$$

これらを全部計算に入れて，一番正確な a, b の値を求めるのがよい．

2) 計算方法

$$\alpha_1 = y_1 - ax_1 - b$$
$$\alpha_2 = y_2 - ax_2 - b$$
$$\alpha_3 = y_3 - ax_3 - b$$
$$\vdots \quad \vdots$$
$$\alpha_n = y_n - ax_n - b$$

のように置いたときに，α がみなゼロであれば問題はないが，実験には誤差があるから a, b の選び方により，

$$\alpha_1, \quad \alpha_2, \quad \alpha_3 \cdots \alpha_n$$

の値も変ってくる．このとき

$$\alpha_1^2 + \alpha_2^2 + \alpha_3^2 \cdots + \alpha_n^2$$

なる和が最小になるように a, b の値を定めるのが最もよいとされている．すなわち

$$\alpha_1^2 + \alpha_2^2 + \alpha_3^2 \cdots + \alpha_n^2 = (y_1 - ax_1 - b)^2 + (y_2 - ax_2 - b)^2 + (y_3 - ax_3 - b)^2 \cdots + (y_n - ax_n - b)^2$$

まず b にて微分してこれをゼロとおく

$$(y_1 + y_2 + y_3 \cdots + y_n) - (x_1 + x_2 + x_3 \cdots + x_n)a - nb = 0$$

次に先の式を a にて微分してこれをおくと

$$(x_1y_1 + x_2y_2 + x_3y_3 \cdots + x_ny_n) - (x_1^2 + x_2^2 + x_3^2 \cdots + x_n^2)a - (x_1 + x_2 + x_3 \cdots + x_n)b = 0$$

すなわち

$$\begin{cases} \sum_{i=1}^{n} y_i - a \sum_{i=1}^{n} x_i - nb = 0 & (15) \\ \sum_{i=1}^{n} x_i y_i - a \sum_{i=1}^{n} x^2{}_i - b \sum_{i=1}^{n} x_i = 0 & (16) \end{cases}$$

の連立方程式を解くと，a, b を求めることができる．

〔例〕種々なる濃度の卵アルブミン水溶液の粘度を測定すると次の表に示す値が得られた．y の値を計算することにする．

VIII. 測定値の取り扱いと計算

濃度 c (g/L)	η_sp
20	0.042
40	0.074
60	0.100
80	0.132
100	0.185
120	0.240
140	0.290

$n = 7$

$\sum y_i = 0.042 + 0.074 \cdots + 0.290 = 1.063$
$\sum x_i = 20 + 40 \cdots + 140 = 560$
$\sum x_i y_i = 20 \times 0.042 + 40 \times 0.074 \cdots + 140 \times 0.290 = 108.260$
$\sum x_i^2 = 20^2 + 40^2 \cdots + 140^2 = 56000$

すなわち
$1.063 - 530\,a - 7b = 0$
$108.260 - 56000\,a - 560b = 0$
$\quad a = 0.00207$
$\quad b = 0.0137$
となる．よって
$\quad y = 0.00207x - 0.0137$
が最良の式である．この結果，卵アルブミン水溶液のそれぞれの濃度における y の計算値は次の表の第3項のごとくである．

x	y の測定値	y の計算値	測定値と計算値の差
20	0.042	0.028	+ 0.014
40	0.074	0.069	+ 0.005
60	0.100	0.111	− 0.011
80	0.132	0.152	− 0.020
100	0.185	0.193	− 0.008
120	0.240	0.235	+ 0.005
140	0.290	0.276	+ 0.014

付　録

数学的な表記
$\pi = 3.141\,592\,653\,59$　　　　　$e = 2.718\,281\,828\,46$

自然対数 ln・常用対数 log

$\ln x = y \Leftrightarrow e^y = x$　　　　　$\log x = y \Leftrightarrow 10^y = x$

$y \cdot \ln x = \ln x^y$　　　　　　$y \cdot \log x = \log x^y$

$\ln x + \ln y = \ln (x \cdot y)$　　　$\log x + \log y = \log (x \cdot y)$

$\ln x - \ln y = \ln \left(\dfrac{x}{y}\right)$　　　$\log x - \log y = \log \left(\dfrac{x}{y}\right)$

$\ln x = \log_e x = \dfrac{\log_{10} x}{\log_{10} e} = 2.303\,585 \cdot \log x$

微分・積分

$\dfrac{dx^n}{dx} = n \cdot x^{n-1}$　　$\displaystyle\int x^n dx = \dfrac{x^{n+1}}{n+1}$　　$\displaystyle\int \dfrac{1}{x} dx = \ln x$　　$\displaystyle\int e^{a \cdot x} dx = \dfrac{1}{a} \cdot e^{a \cdot x}$

表 1　固有の名称をもつ SI 組立単位（抜粋）

量	名　称		記　号	他の単位による表現	SI 基本単位による表現
振動数	ヘルツ	hertz	Hz		s^{-1}
力	ニュートン	newton	N		$m \cdot kg \cdot s^{-2}$
圧力	パスカル	pascal	Pa	$N \cdot m^{-2}$	$m^{-1} \cdot kg \cdot s^{-2}$
エネルギー，仕事，熱量	ジュール	joule	J	$N \cdot m$	$m^2 \cdot kg \cdot s^{-2}$
仕事率.放射束	ワット	watt	W	$J \cdot s^{-1}$	$m^2 \cdot kg \cdot s^{-3}$

付録

表2 他の単位

名称	記号		SI単位で表した値
SIと併用される単位			
度	°	1°	$= (\pi/180)$ rad
リットル*	l	1 l	$= 1$ dm$^3 = 10^{-3}$ m^3
暫定的にSIと共に使われる単位			
オングストローム	Å	1 Å	$= 0.1$ nm $= 10^{-10}$ m
バール	bar	1 bar	$= 0.1$ MPa $= 10^5$ Pa
標準大気圧	atm	1 atm	$= 101325$ Pa $= 1013$ hPa
固有の名称を有するCGS単位			
エルグ	erg	1 erg	$= 10^{-7}$ J
ダイン	dyn	1 dyn	$= 10^{-5}$ N
ポアズ	P	1 P	$= 1$ dyn・s・cm$^{-2} = 0.1$ Pa・s
ストークス	St	1 St	$= 1$ cm^2・s$^{-1} = 10^{-4}$ m^2・s^{-1}
その他の単位			
カロリー	cal$_{th}$	1 cal$_{th}$	$= 4.184$ J
ミクロン	μ	1 μ	$= 1$ μm $= 10^{-6}$ m
質量モル濃度	m	1 m	$= 1$ mol・kg^{-1}
容量モル濃度	M	1 M	$= 1$ mol・dm$^{-3} = 1000$ mol・m^{-3}
水銀柱	mmHg	1 mmHg	$= 13.5951 \times 9.80665$ Pa
			$= 133.322$ Pa
トル	Torr	1 Torr	$= (101325/760)$ Pa
			$= 133.322$ Pa

*日本薬局方では大文字のLを使用している．

表3 SI接頭語

係数	接頭語		記号	係数	接頭語		記号
10^{18}	エクサ	exa	E	10^{-1}	デシ	deci	d
10^{15}	ペタ	peta	P	10^{-2}	センチ	centi	c
10^{12}	テラ	tera	T	10^{-3}	ミリ	milli	m
10^{9}	ギガ	giga	G	10^{-6}	マイクロ	micro	μ
10^{6}	メガ	mega	M	10^{-9}	ナノ	nano	n
10^{3}	キロ	kilo	k	10^{-12}	ピコ	pico	p
10^{2}	ヘクト	hecto	h	10^{-15}	フェムト	femto	f
10^{1}	デカ	deca	da	10^{-18}	アト	atto	a

付　録

表4　SI単位で表した基礎定数（抜粋）

量	記号	値
氷点	T_{ice}	273.15 K
気体定数	R	8.314510 J・K^{-1}・mol^{-1}
標準状態における理想気体モル体積	$\dfrac{RT_{ice}}{101325\,Pa}$	0.02241410 m^3・mol^{-3}
アボガドロ定数	L, N_A	6.0221367×10^{23} mol^{-1}
ボルツマン定数	k $(=R/L)$	1.380658×10^{-23} J・K^{-1}

表5　ギリシア文字

A	α	Alpha	アルファ	N	ν	Nu	ニュー
B	β	Beta	ベータ	Ξ	ξ	Xi	グザイ
Γ	γ	Gamma	ガンマ	O	o	Omicron	オミクロン
Δ	δ	Delta	デルタ	Π	π	Pi	パイ
E	ε	Epsilon	イプシロン	P	ρ	Rho	ロー
Z	ζ	Zeta	ゼータ	Σ	σ	Sigma	シグマ
H	η	Eta	イータ	T	τ	Tau	タウ
θ	θ, ϑ	Theta	シータ	Υ	υ	Upsilon	ウプシロン
I	ι	Iota	イオタ	Φ	ϕ, φ	Phi	ファイ
K	κ	Kappa	カッパ	X	χ	Chi	カイ
Λ	λ	Lamda	ラムダ	Ψ	ψ	Psi	プサイ
M	μ	Mu	ミュー	Ω	ω	Omega	オメガ